신화가 좋다
여행이 좋다

신화와 전설이 깃든 곳으로 떠나는 세계여행

신화가 좋다
여행이 좋다

지은이 세라 백스터 | 일러스트 에이미 그라임스
옮긴이 **조진경**

목 차

들어가며

옛날 옛적, 그리 멀지 않은 어떤 땅에 우리와 별로 다르지 않은 한 사람이 있었다. 그는 세상을 이해하고 해석할 방법을 찾고 있었다….

언제나 그랬듯 인간에게는 이야기가 필요하다. 그리고 앞으로도 항상 그럴 것이다. 과학과 넷플릭스가 없었던 과거에는 이런 이야기들이면 만사가 해결되었다. 이야기는 오락이자 교육 방법이었고 설명 수단이었다. 종교·신화·민담 등 모든 이야기가 구전으로, 그림으로, 그리고 양피지나 돌에 새겨진 글로 대대로 전해져 내려왔다. 이렇게 다양하게 서술되는 이야기들은 나무줄기에 엮이고, 밤하늘에 그려지고, 신체 부위에 휘감기고, 계절의 변화에 따라 들끓고, 성과 외양간, 동굴의 바위에 깊이 새겨진다. 이야기 중에는 "쓸데없이 간섭하지 말라. 그렇지 않으면 도깨비에게 잡혀 간다"처럼 도움이 되는 경고를 담은 우화가 있는가 하면, 도시나 국가, 제국의 건설에 대한 신화도 있다. 이런 전설은 종종 시간이 흐르면서 너무 왜곡되고 흐릿해지거나 다르게 기억되어 진짜 기원이 어땠는지를 아무도 모르게 되는 수도 있다.

그렇다. 세상이 돌아가는 방식에 본질과 의미, 흥미, 음모가 더해진 이야기들이 아주 많다. 그중에는 고대에 있었던 사실에 기반하는 이야기도 있고, 사람들이 그냥 다시 말하기 좋아하는 공상 같은 이야기도 있다. 일부 이야기는 사실로 깊이 자리매김 했다가 나중에 기술이 발전하고 지식이 늘어나면 재해석되고 고쳐 써진다. 그러나 모든 이야기에는 마법 같은 분위기가 있다. 우리 자신보다 큰 무언가가 작용하고 있을지도 모른다는 느낌을 준다. 그 무언가가 우리의 상상을 벗어나지 않는다고 해도 말이다.

이 책에서는 이런 환상이나 신화, 동화에 나올 것 같은 장소들이 소개된다. 책장을 넘기면 신화 속의 왕, 신성시되는 산의 정상, 매혹적인 건축물이 등장한다. 그 외에 엘프와 거인, 유령, 골렘, 바다 동물도 만나게 된다. 이들이 없다면 우리가 사는 지구는 좀 더 논리적이고 이성적일지는 몰라도 약간 지루하고 재미없는 공간일 것이다. 이 책은 이 신비로운 장소들을 아름답고 매혹적인 삽화와 함께 소개하고, 거기에 담긴 전설을 파헤치고 초자연적인 본질을 불러내는 것이 목표다.

예를 들어 잉글랜드의 거친 북콘월 해안에 폐허로 남아 있는 틴타겔성으로 가보자. 이곳은 사실과 허구를 분리하는 것이 거의 불가능한 곳이다. 영국의 전설적 영웅 아서왕과 그의 카멜롯 기사들이 실제로 이곳에 왔는지(그들이 이 멋진 절벽에 서서 성난 바다를 바라보았는지)는 거의 상관없다. 이런 전설적인 인물들과 관련된 소문으로 인해 틴타겔은 실제로 영향력이 커졌고, 오늘날까지도 계속해서 꽤 많은 로맨스가 생겨나고 있다.

마찬가지로 독일의 하르츠산맥의 이야기는 이와 관련된 주술 덕분에 수백 년에 걸쳐 더욱 분위기 있게 만들어졌다. 헥센탄츠플라츠 고원(또는 '마녀들의 무도장')은 색슨족이 숭배 의식을 드리는 장소였고, 여기에서 거행되는 악령의 접근을 막는 의식은 오랜 기간 지속되었다. 지금은 많이 상업화되긴 했지만, 방문객이 많아지고 빗자루를 판매하는 기념품 상점들이 있어도 이 산의 무시무시한 분위기는 사라지지 않는다. 안개가 낮게 깔리고 사람들이 별로 없을 때 가면, 바람에 맴도는 송장 먹는 귀신과 고블린을 어렵지 않게 떠올릴 수 있다.

때로는 자연물에 고유의 신령과 에너지, 자력이 가득 차서 모든 신앙이 거기에 집중될 때가 있다. 예를 들어 미국의 북태평양 연안에 있는 섀스타산의 경우, 그 산의 물리적 영향력과 인상적인 모습, 격렬한 화산 활동은 찾아오는 사람들에게 넘쳐날 정도로 많은 이야기를 들려주었다. 지금은 휴화산인 이 화산 주변에서 최소 1만 1,000년 동안 거주했던 것으로 알려진 아메리카 원주민들은 섀스타를 자기 부족의 창조 신화에 사용했고, 그 안에 있는 신이 화산의 연기와 울림을 만들어내는 것으로 설명했다.

후대의 사람들 역시 이 산에 몰려들었다. 그중에는 종교적 깨우침을 찾거나 잃어버린 왕국과 외계에서 온 존재에 대한 극단적인 환상을 좇는 사람이 있는가 하면 그냥 주변 호수와 삼림, 폭포에서 영적인 무언가를 찾는 사람도 있다.

이 책에서 다루지는 않았지만 당연히 우리 지구에는 신비로운 장소들이 더 많이 있다. 이 책에서는 25곳만 소개했지만 더 멀리까지 여행한다면, 우리는 창의적이고 의미를 추구하는 정신에 한층 더 깊이 다가갈 수 있을지도 모른다. 포르투갈의 신트라Sintra에는 이국적이고 정성 들여 꾸민 킨타다헤갈레이라 Quinta da Regaleira 별장이 있는데, 그 안에는 템플기사단과 연금술, 프리메이슨과 연관된 여러 가지 신비한 상징과 비밀 암호들이 뒤섞여 있다고 한다. 특히 아래를 향해 나선형으로 내려가는 벽은 단테가 묘사한 9층의 지옥 동심원을 연상시킨다.

우리는 환상적인 히나투안 인챈티드강Hinatuan Enchanted River에 뛰어들 수도 있을 것이다. 필리핀에 있는 이 강은 요정들이 컬러를 더하여 신비로운 푸른색을 띠며, 여기에는 잡을 수 없는 물고기가 산다는 전설이 전해지고 있다. 대서양의 악명 높은 버뮤다 삼각지대로 갈 수도 있다. 배를 삼켜버린다고 하는 이 지역에 대하여 우려할 원인이 정말로 있는지를 궁금해 하면서 말이다.

신비로운 장소들이 너무 많아서 열거하기도 힘들다. 왜냐하면 인류가 관련된 곳에는 언제나 설명이 필요한 더 많은 미스터리와 사람들에게 전해야 할 더 많은 이야기가 있기 때문이다.

장소 영국 잉글랜드 콘월(Cornwall)

특징 밀어닥치는 파도에 침식당한 곳. 영국의 전설적인 영웅 아서왕의 탄생지로 알려져 있음

틴타겔성
TINTAGEL

청록색 바다를 향해 불쑥 튀어나온 들쑥날쑥한 모양의 틴타겔곶은 실제든 상상 속이든 왕에게 걸맞은 곳이다. 이곳은 혹처럼 튀어나온 암석 해안에 파도가 부딪혀서 형성된 지형으로 지질학적 격변이 있었음을 보여준다. 울퉁불퉁하고 험한 해안을 따라 멀리 넓게 펼쳐진 경관은 끝을 알 수 없는 수평선까지 이어진다.

이 곳의 정상에는 무너진 문루와 작은 예배당, 절벽 아래로 부서져 떨어지는 흉벽 등 폐허들이 흩어져 있다. 그리고 이렇게 흩어져 있는 오래된 돌들 주변으로는 갈매기와 붉은부리까마귀들이 지혜로운 늙은 근위병처럼 순회를 도는 한편, 금빛의 가시

금작화가 왕실의 보물더미처럼 빛나고 있다. 현실 세계와 동떨어지고 섬이나 마찬가지인 이 황량한 땅에서 마법이 일어나는 것을 어렵지 않게 상상할 수 있다. 이곳은 동화책 속의 마법사와 기사들의 이야기가 역사로 바뀌기에 완벽한 장소다.

틴타겔성은 본토와 북콘월 해안의 인상적인 틴타겔곶 사이에 걸쳐 있다. 철기 시대와 로마 시대에는 이민족에게 점령당했을 수도 있지만, 이곳의 진짜 융성기는 5세기경부터 시작된 소위 '암흑시대'였다. 콘월의 황금기였던 이 시기에는 켈트족이 세운 둠노니아Dumnonia 왕국이 남서부의 대부분 지역을 지배했고 틴타겔은 왕국에서 가장 큰 거주지였다.

틴타겔성의 진짜 용도는 알려지지 않았지만, 그 규모와 출토된 유물을 볼 때 왕실의 중심지였을 수 있다. 메로빙거 왕조의 유리잔이, 포카이아(Phocaea, 소아시아 서쪽 해안의 고대 이오니아 지방에 있던 도시-역주)의 붉은 도자기 조각 등 신분이 높은 사람들이 사용했을 물건들이 나왔기 때문이다. 12세기의 주교이자 연대기 작가인 몬머스의 제프리Geoffrey of Monmouth는 아마 여기에서 영감을 받아 중세 시대의 가장 유명한 이야기인 '아서왕 이야기'에 이곳 틴타겔을 넣었을 것이다.

아서왕에 대하여 좀 더 이야기해보자. 아서왕과 틴타겔성의 연관성은 말할 것도 없고, 아서왕이 실존 인물이라는 것을 뒷

받침하는 증거도 거의 없다. 그 이름이 처음 등장한 것은 서기 830년경에 기록된 웨일스 지방의 민간 설화를 모아놓은 필사본에서였다.

훗날 그의 이야기를 상당히 미화시켜서 부상시킨 사람이 제프리다. 그는 대부분 꾸며낸 이야기 같은 《브리튼 왕국의 열왕기*Historia regum Britanniae*》에서 아서왕을 위대하고 용감한 통치자이자 유럽의 정복자이며 심지어 신화 속 괴물을 무찌르는 사람으로 묘사하고 있다. 또한 제프리는 아서의 혈통에 대해 기술하는데, 전해지는 이야기에 따르면 당시 브리튼의 왕이었던 우서 펜드래곤Uther Pendragon은 콘월 공작인 골로이스Gorlois의 아내 이그레인Igraine을 사랑하게 되었다고 한다. 마법사 멀린Merlin이 우서를 골로이스 공작으로 변장시켰고, 우서는 틴타겔 요새에 잠입하여 이그레인을 유혹하는 데 성공했다. 그 결과 아서가 잉태되었다.

더 오래된 낭만적인 이야기 〈트리스탄과 이졸데〉가 아서왕 전설에 결합되면서 틴타겔의 위상은 더욱 높아졌다. 이 이야기에서 마크왕은 틴타겔에 궁전을 세웠고, 트리스탄은 원탁의 기사가 되었다. 그리고 마크왕의 왕비인 이졸데는 트리스탄과 부정을 저지른다. 여기까지는 전설이다. 그러나 틴타겔은 두 이야기의 연결고리였고, 새로 콘월 백작이 된 당시 대륙 최고의 부

신화가 좋다 여행이 좋다

자 리처드는 이 이야기들이 상징하는 힘에 자극을 받아 실제로 1233년경에 돌과 회반죽으로 성을 축조했다.

리처드는 스스로를 마크왕과 아서왕의 전설에 연관시킴으로써 자신의 위상을 확인하고 있었다. 그러나 리처드의 성은 오래가지 못하여 14세기 즈음에는 부분적으로 폐허가 되었다. 하지만 웬일인지 폐허가 된 그 모습이 이곳을 더욱 낭만적인 장소로 만들었다. 이렇게 틴타겔에는 역사와 전설이 아주 자연스럽게 얽혀 있다.

이 나라에서 가장 인상적인 해안선에 울퉁불퉁한 바위 하나가 느슨하게 매여 있는 것 같은 이 장소 자체가 대부분의 로맨스를 만들어낸다. 제프리는 바다에 에워싸인 이 땅에는 자연 발생한 좁은 둑길을 통해서만 들어갈 수 있다고 기록하면서 "적이 브리튼 왕국 전체와 같은 편이라고 해도 무장 병사 세 명만 있으면 방어할 수 있다"라고 묘사했다. 이곳의 지명은 지형에서 유래한 것으로 보이는데, 콘월어로 '딘(din=Tin)'은 요새를 뜻하고 '타겔(tagell)'은 '좁은 곳'이라는 뜻이다.

그러나 리처드의 시대에도 이 지협은 부분 침식되어 있었기 때문에, 이곳에 접근하려면 가파르고 위험한 절벽을 오를 수밖에 없었다. 19세기가 되어 아서왕 전설이 다시 유명해져 관광객들이 찾기 시작하면서, 깎아지를 듯한 암벽을 깎은 계단과 함께 작은 다리, 난간이 있는 계단이 만들어졌다. 그 후 2019년에 강철과 슬레이트로 홀쭉한 캔틸레버 교량이 건설되었고, 이로 써 수백 년 전의 돌다리와 같은 높이에서 본토와 성을 연결하는 통로가 생겼다.

리처드가 건설한 성의 그레이트 홀, 기우뚱한 철문, 원래는 벽에 둘러싸였겠지만 노출된 정원, 신비로운 지하 통로, 풀이 뒤덮여서 언덕처럼 보이는 중세 시대의 건물들 사이를 걷다 보 면 현재 이 유적지의 전역에서 카멜롯Camelot 같은 성을 상상할 수 있다.

아래로 내려가면 헤이븐Haven 해변이 있다. 과거 채굴한 점 판암을 싣기 위해 배를 정박시켰던 곳이다. 그리고 한쪽에는 성 과 본토를 연결하는 잘록한 지협을 바로 파고드는 해식 동굴이 있는데, 썰물 때는 동굴 탐험도 가능하다. 이 동굴은 19세기 말 부터 '멀린 동굴(Merlin's cave)'로 알려졌는데, 이는 테니슨의 시 덕분이다. 테니슨은 자신의 시에서 멀린이 파도에 밀려온 아기 아서를 발견했다고 묘사했다. 예전에 인근의 바위에 멀린의 얼 굴이 새겨져서 논란이 인 적도 있다.

아서가 틴타겔성에 한 번도 발을 들여놓지 않았을 수도 있지 만(또는 아예 실존 인물이 아닐 수도 있지만), 현재 이곳에는 그가 확실히 있다. 이곳 틴타겔에 대한 아주 유명한 전설을 암묵적으로 인정하여, 2016년에 '갈로스(Gallos, 콘월어로 '힘'이라는 뜻)'라는 거대하고 비현실적인 형체의 청동상이 세워졌다.

검을 쥐고 있는 이 청동상은 우리가 상상하는 엑스칼리버를 잡고 있는 아서왕처럼 보인다. 그러나 유령의 모습이어서 부분적으로 형체가 없다. 그래서 청동상의 사이사이에 있는 틈새를 통해 멀리 경치가 보이고 심지어 청동상 안에 기어들어 갈 수도 있다. 관광객은 틴타겔처럼 힘차고 장대한 이 청동상을 보며 자기가 상상하고 싶은 대로 상상해도 된다.

장소 영국 웨일스 스노도니아(Snowdonia)

특징 안개가 많이 끼는 산

카다이르이드리스
CADAIR IDRIS

카다이르이드리스는 아주 높은 산이라고는 할 수 없다. 삼림지대와 초원, 히스가 무성하게 자라는 습한 황야, 이탄 습지 위로 험준하게 솟은 화성암질의 이 산은 웨일스에서 18번째로 높은 산이다. 에베레스트산처럼 높은 산이 거의 없는 웨일스에서도 그다지 인상적인 높이는 아니다. 사실 겨우 언덕 수준이지만 이 산에는 실제 모습보다 더 크게 느껴지는 어떤 무게감과 특징, 분위기가 있다. 현실에서는 대단하지 않아도 웨일스 신화의 세계에서 카다이르이드리스는 거대한 존재다.

스노도니아 국립공원의 남단, 돌겔라우Dolgellau 마을 가까이에 위치한 카다이르이드리스는 웨일스의 최고봉인 스노든산(1,085미터)과 같은 암질이지만 높이는 893미터로 많이 낮다. 그런데도 이 산은 웨일스를 상징하는 산들 가운데 하나이며, 이 산과 관련하여 수많은 이야기가 만들어졌는데, 사실인 것도 있고 그렇지 않은 것도 있다.

지질학적인 기원에 대해서도 오랫동안 논란이 있었다. 일부 지질학자들은 이 산이 과거 유럽에서 가장 컸던 것으로 보이는 거대한 사화산의 잔재라고 주장했다. 그 주장이 맞는 것 같기도 하다. 암석이 화산암일 뿐만 아니라 그 산세와 급한 비탈은 오래된 칼데라(caldera, 화산 정상에 생긴 원형의 함몰 지형―역주)처럼 생긴 지형을 만들었고, 거기에 물이 차서 생긴 호수가 전형적인 화구호처럼 보이기 때문이다.

하지만 이 산은 활동이 끝난 거대 화산이 아니라, 마지막 빙하기 때 형성된 지형이다. 권곡(빙식 작용에 의해 반달 모양으로 우묵하게 된 지형, 카르라고도 함―역주)과 양배암(빙하 때문에 표면이 긁혀 침식된 암석―역주) 같은 특징은 수천 년 전에 빙하가 이동하며 형성된 것이다.

그러나 그보다 더 호기심을 끄는 것은 그 이름인데, 그 뜻은 '이드리스의 의자Chair of Idris'라고 한다. 이 산에는 세 개의 봉우리가 있어서 왕좌와 같은 모습이다. 세 봉우리는 의자 꼭대기를

뜻하는 페니가다이르Peny Gadair, 안장이라는 뜻의 키프뤼Cyfrwy, 벌거벗은 산이라는 뜻의 미니드모엘Mynydd Moel이다. 그러나 이드리스가 누구인지는 확실하게 알려지지 않았다. 일부 이야기들에 따르면 그는 메이리오니드Meirionydd 왕국의 용감한 왕자라고 한다.

이야기의 왕자는 서기 630년경 색슨족과 벌인 전투에서 전사했으며 남자들 사이에서 은유적으로 '거인'으로 알려졌다. 한편 다른 이야기들에서 이드리스는 실제로 네 명의 거인들 가운데 하나였다. 거인들은 이 근처를 성큼성큼 걸어 다녔는데, 덩치가 너무 커서 이 산의 꼭대기에 앉아 왕국 전체를 주시하고 하늘을 올려다볼 수 있을 정도였다고 한다.

봉우리 꼭대기에는 길고 널찍한 석판이 있는데, 이드리스의 침대라고 한다. 그리고 그 침대에서 자는 사람은 누구든지 두 개의 운명 중 하나를 겪게 될 것이라고 한다. 그 운명이란 잠에서 깬 후 아주 심오한 시인이 되거나 미치광이가 되는 것이다.

또한 이드리스의 이야기에 아서왕의 이야기도 섞여 있다. 어떤 전설에 따르면, 아서왕이 마법의 사슬을 사용하여 웨일스의 물에 사는 골치 아픈 괴물인 아방크를 잡아 멀리 떨어진 카다이르이드리스에 있는 린카우Llyn Cau 호수에 풀어주었다고 한다.

다른 이야기에서는 더 무서운 인물들이 나온다. 카다이르이

드리스가 켈트족이 저승이라고 부르는 안운Annwn의 영주인 그윈 앱 누드Gwyn ap Nudd의 사냥터인데, 그는 이곳에서 몸은 하얗고 귀는 붉은 유령 같은 사냥개 무리를 이끌고 유령 사냥을 하며 인간의 영혼을 수집한다는 것이다.

산에 오르고 싶어 하는 사람들을 위한 오솔길로 된 등산로들이 있는데, 안개가 자욱하게 껴서 신비로운 느낌을 준다. 가장 인상적인 루트는 아마 민포드패스Minffordd Path일 것이다. 산의 남쪽에서 시작하여 난트카다이르협곡Nant Cadair Gorge을 통과하는 이 길은 가파르게 올라간다. 여기에는 비틀리며 자란 오래된 참나무들이 있고, 깎아지른 듯한 암벽에는 폭포가 가늘게 흐른다. 린카우 호수를 한 바퀴 돌다가 중간에 짙은 네이비색의 심연(이 호수는 깊이를 알 수 없다고 한다)을 내려다본 후, 크레이그카우Craig Cau의 푸석푸석한 바위를 기어오르면 마지막 여정인 페니가다이르 정상에 오르게 된다. 여기에서 둘러보면 나 자신이 거인이 된 것 같다.

북쪽으로는 스노든산과 스노도니아의 나머지 지역이 보이고, 서쪽으로는 출렁이는 아일랜드해가 보인다. 그리고 남쪽으로는 불룩 솟은 브레컨 비컨스Brecon Beacons 구릉지가 있으며 그 아래에는 이드리스가 던진 것으로 추정되는 커다란 바위들이 흩어져 있다.

장소 영국 스코틀랜드 스카이(Skye)섬
특징 숨이 멎을 듯 아름다운 호수. 자연의 드라마가 있고
초자연적인 존재가 사는 곳

코뤼스크 호수
LOCH CORUISK

가시철사가 있는 것처럼 가까이 다가가기 힘든, 깎아지른 듯 뾰족뾰족한 산 아래에는 기상천외하고 무시무시하며 먹물처럼 새까만 물이 숨어 있다. 여기까지는 도로가 나 있지 않다. 컴컴한 이 골짜기에 오려면 멀고 위험한 길을 걸어오거나 작은 보트를 타는 수밖에 없다. 보트는 통통거리며 육지 쪽으로 가서 사람들 눈에 잘 띄지 않는 이 협곡에 정박한다.

날씨가 거칠어지면, 이곳은 마치 지워진 것처럼 거의 보이지 않는 일이 자주 일어난다. 하늘과 땅을 구별할 수 없게 되고, 풀이 우거진 야산을 구름이 덮어버린다. 그러나 비바람이 불면 전체 풍경이 확 바뀌어 다른 세상이 된다. 바로 신화 속 동물들이

한 것처럼...

1814년에 코뤼스크 호수를 찾은 스코틀랜드의 작가 월터 스콧Walter Scott 경은 감동과 함께 오싹함을 느꼈다. 일 년 후 그는 낭만시 〈섬의 영주 The Lord of the Isles〉를 쓰면서 스카이섬에 있는 이 '무서운 호수'를 다음과 같이 부서진 풍경으로 묘사한다.

태고에 일어난 지진의 흔들림으로 / 이상하게 산산조각 난 길 / 언덕의 조야하고 깊은 속을 지나가면 / 각각의 벌거벗은 절벽과 / 암흑의 협곡, 어두운 심연은 / 여전히 그 분노를 이야기한다.

그로부터 200년 이상 지났지만, 변한 것은 거의 없다. 코뤼스크 호수(게일어로 Coire Uisg, '물이 담긴 솥'의 뜻)는 산세가 험한 블랙쿨린Black Cuillin 산맥의 자락에 위치한다. 마치 천지창조가 이곳에서 시작된 것처럼 보인다. 개발이 되지 않았고 험준하며, 호숫가도 험하고 사람의 손길이 거의 닿지 않아 정돈되지 않은 상태다.

스콧과 같은 해에 코뤼스크 호수를 방문했던 여행가이자 지질학자인 존 맥쿨로크John MacCulloch는 이 호수의 고요함과 적막함, 그리고 호수가 현지 주민들에게 미친 영향력에 대해 언급했

신화가 좋다 여행이 좋다

코뤼스크 호수   31

다. 그는 이곳에서 지내는 동안 노련한 선원에게 일행이 타고 온 보트를 돌보라고 했지만, 그 선원은 혼자 남는 것이 너무 무서워서 도망가 버렸다. 유령이 나올 것 같은 이곳에서 혼자 지내느니 보트가 망가지는 위험을 택한 것이다.

사실 이 호수에는 전설이 전해 내려오고 있다. 스코틀랜드의 네스호에 괴물이 있듯이 코뤼스크 호수 깊은 곳에도 동물이 산다고 한다. 스코틀랜드의 민담에 나오는, 말처럼 생긴 물귀신 중 하나인 켈피를 가리킨다. 켈피는 사람의 모습을 취할 수 있지만, 종종 잃어버린 조랑말로 나타난다.

말인지 켈피인지를 알아보는 유일한 특징은 켈피의 끝없이 떨어지는 갈기와 뒤쪽을 향해 있는 발굽이다. 켈피는 말 열 마리를 합친 것보다도 힘이 센데, 켈피가 우렁차게 히힝 우는 소리가 산에 울려 퍼진다. 또 켈피는 악마 같은 성질이 있어서 희생자들을 꾀어내어 자기 등에 태운 뒤 물에 뛰어들어 수장시킨다. 더 험한 경우에는 시신의 내장을 다시 호숫가로 내던지기까지 한다.

많은 사람이 호숫가에 살면서도 수영을 할 수 없었던 시절에는, 사람을 깊은 물속으로 끌고 들어가는 켈피는 물에 대한 집단 공포가 신비롭게 표현된 대상이었다. 그 두려움이 너무 강해서 켈피의 형태로 문화에 깊이 파고들었다. 그러면 왜 말인가?

호수의 수면이 하얀 포말을 일으키며 파도치면, 질주하는 종마의 휘날리는 갈기처럼 보여서 거의 필연적으로 수마가 나타났다고 생각했을 것이다.

또한 코뤼스크는 영감을 주는 장소이기도 하다. 스코틀랜드에서 가장 유명한 노래가 바로 이곳에서 탄생했다. 애니 매클라우드Annie MacLeod라는 여성이 배를 타고 코뤼스크 호수를 건너고 있을 때, 노잡이가 게일어로 된 전통 뱃노래인 〈숲속의 뻐꾸기Cuchag nan Craobh〉를 부르기 시작했다. 그녀는 그 선율을 잊지 않고 기록해두었고, 여기에 1870년대에 해럴드 볼턴Harold Boulton 경이 가사를 붙여서 〈스카이섬의 뱃노래Skye Boat Song〉가 되었다. 가사 내용은 보니 프린스 찰리(Bonnie Prince Charlie, 제임스 2세의 손자인 찰스 에드워드 스튜어트-역주)가 1746년에 컬로든Culloden 전투에서 패한 후 바다를 통해 스코틀랜드에서 탈출한 이야기다.

코뤼스크에 가는 가장 쉬운 방법은 지금도 배를 타는 것이다. 스카이섬의 바닷가 마을인 엘골Elgol에서 스카바이그 호수Loch Scavaig로 강을 타고 올라가다 보면 바다표범, 돌고래가 있는 멋진 경관을 볼 수 있다. 배에서 내린 후에는 부두에서 스카바이그강을 따라 짧은 거리를 걸어간다. 길이가 짧은 이 강은 민물인 코뤼스크 호수와 바다 사이에 있다.

코뤼스크 호수 주변은 무성한 풀밭과 칠흑 같은 수면 위로 불쑥 솟은 산들이 보인다. 이곳에 사람이 왔었다는 유일한 표시는 벤네비스산(Ben Nevis: 스코틀랜드 북부에 있는 산으로 해발 1,343미터이며 영국의 최고봉 – 역주)에서 사망한 두 명의 등산객을 추모하여 세워진 오두막이다. 어쩌면 켈피는 그런 방식을 좋아할지도 모른다….

장소 아이슬란드 보르가르퓌외르뒤르-에이스트리
(Borgarfjörður-Eystri)
특징 피오르 쪽에 있는 엘프 여왕의 성

알파보르그
ÁLFABORG

여기 엘프의 도시가 있다. 돌과 관목 숲이 있고 꼭대기가 편평한 이 '요새'는 작은 언덕에 불과하며 꽃이 곳곳에 피어 있는 풀밭 위로 우뚝 솟아 있다. 눈이 희끗희끗한 봉우리 아래로는 퍼핀(Puffin, 아이슬란드에 서식하는 펭귄과 비슷하게 생긴 새-역주)과 키티웨이크(Kittiwake, 갈매기의 일종-역주)가 날아다니는 피오르가 있다. 조망이 아주 좋지는 않지만, 그래도 인상적이어서 작은 군주국에 어울리는 성처럼 보인다.

정상까지 수월하게 갈 수 있는 자갈길이 있어서 누구나 자유롭게 오를 수 있다. 여기에 사는 '훌두포크(huldufólk, 숨은 사람들이라는 뜻)'는 찾아오는 사람들이 예의 있게 행동하기만 한

다면 그들을 별로 신경 쓰지 않는다. 하지만 사람들이 이들에게 집이라고 할 수 있는 바위를 걷어찬다면 이야기가 달라질지도 모른다.

알파보르그 바위산은 동아이슬란드의 보르가르퓌외르뒤르-에이스트리 해안가에 있다. 유문암 표석(빙하에 의해 먼 곳에서 운반되어 온 후 빙하가 사라지고 남은 암석으로 암질이 주변의 암석과 전혀 다르다-역주), 빙하가 있는 웅덩이, 별세계 같은 절벽과 산이 아래로 흘러 내려와 사나운 노르웨이해와 만나서 장관을 이룬다. 이 지역은 일반적으로 아이슬란드의 '훌두포크'들이 많이 모여 사는 곳으로 여겨지고 있으며, 알파보르그('엘프 바위'라는 뜻)는 엘프 여왕의 고향이다.

아이슬란드에는 민간 신앙이 뿌리 깊게 자리 잡고 있다. 한 조사 결과, 아이슬란드 국민의 대다수는 여전히 꼬마 요정 엘프의 존재를 믿고 있거나 적어도 그 가능성을 인정하고 있는 것으로 밝혀졌다. 전국적으로 바위에 작은 문이 그려져 있고 특히 '훌두포크'를 위한 알폴(álfhól, 작은 집)이 지어진다. 매년 12월 31일, 이들은 새로운 장소로 이사를 간다고 한다. 그래서 사람들은 그들이 길을 잘 찾도록 촛불을 켜둔다.

훌두포크 신화의 기원은 아담과 이브로 거슬러 올라간다. 인류 최초의 부부인 두 사람에게는 자녀가 많았는데, 그중 일부는 지저분하고 덥수룩했다고 한다. 어느 날 신이 찾아왔고, 이브는 심판을 받을까 봐 걱정되어 더러운 자녀들을 신의 눈에 띄지 않게 감추려고 했다. 심지어 그들의 존재를 부정하기까지 했다. 이브의 행동에 대하여 신은 이렇게 천명했다.

"인간이 신에게 숨기는 것이 있다면 신도 인간에게서 숨겠다." 이렇게 씻지 않은 아기들의 자손이 훌두포크가 되었다. 그들은 바위나 언덕, 절벽, 용암지대에서 사람들의 눈에 띄지 않게 살아간다. 이들은 스스로 모습을 드러내야겠다고 선택한 때에만 나타난다. 대개는 도움이 필요할 때다. 그리고 도와준 사람들에게는 크게 은혜를 갚지만, 도와주지 않은 사람들에게는 복수를 하는 것으로 알려져 있다.

또 다른 설은, 9세기경 바이킹이 아이슬란드에 왔을 때 정복할 사람들을 찾지 못해서 훌두포크라는 존재를 상상하여 만들어냈다고 한다. 이 신화 속의 아이슬란드 원주민들은 환경에 대한 의식을 일깨우기 위해 나타났다. 그들은 이곳에 정착한 사람들에게 땅에 사는 정령들이 노하지 않도록 땅을 존중해야 한다는 사실을 일깨웠다. 북극만큼이나 몹시 추운 날씨에, 발밑으로는 지열 때문에 울리는 땅의 영향을 받으며, 그렇게 고립된 곳에서 살아가는 사회에서는 자연을 경외하는 것이 무엇보다도 중요했다.

　　신화가 좋다 여행이 좋다

보르가르퓌외르뒤르-에이스트리에는 엘프와 관련이 있는 장소가 몇 군데 있으며, 엘프를 보았다는 목격담이 기록으로 많이 남아 있다. 교회 첨탑 모양의 키르키유스테인(Kirkjusteinn, '교회 바위'의 뜻)은 훌두포크의 예배당이라고 하는데, 엘프들이 말을 타고 캐키유달루르Kækjudalur 계곡을 달려 교회에 가는 모습이 목격되기도 했다고 한다.

인근의 블라비요르그Blábjörg라는 절벽에는 엘프 주교가 살고 있고, 디르피욜산(Mount Dyrfjöll, Door Mountain)에 있는 뾰족한 화산암 조각들 안에는 엘프왕이 살고 있다고 말하는 사람도 있다. 눈에 띄는 것은 훌두포크의 여왕인 보르그힐두르Borghildur의 고향이고 높이가 30미터인 알파보르그 언덕이다. 전설에 따르면 보르그힐두르의 시어머니는 그녀를 며느릿감으로 인정하지 않아서 보르가르퓌에르뒤르-에이스트리에 있는 농장에서 가정부로 살라고 했다 한다.

현재 알파보르그에서는 여왕에게 어울리는 성의 흔적 같은 것은 보이지 않는다. 하지만 여기에서 보이는 경관은 웅장하다. 이곳에서는 보르가르퓌외르뒤르의 작고 푸른 교회가 보인다. 1901년에 지어진 이 교회는 원래 알파보르그 정상에 건설될 계획이었지만, 마을의 한 원로 꿈에 엘프 여왕이 나와 그렇게 하지 말라고 말했다고 한다. 교회 안에는 요하네스 스바인손 캬르

발(Jóhannes Sveinsson Kjarval: 1885~1972, 아이슬란드의 화폐 인물이 된 국민화가―역주)의 그림이 그려져 있다. 그리스도가 디르피욜 산맥을 배경으로 알파보르그에서 산상수훈을 설교하고 있는 그림이다. 종교와 전설, 자연은 지금도 스토리텔링에서 뗄 수 없는 소재다.

장소　프랑스 상트르발드루아르(Centre-Val-de-Loire)

특징　중세 교회의 바닥에 그려진 미궁. 신에게 더 가까이
　　　　인도하는 길

샤르트르 대성당
CATHÉDRALE DE CHARTRES

신의 영광을 기리는 샤르트르 대성당은 수 킬로미터 떨어진 곳에서도 볼 수 있다. 높은 지붕과 공중부벽, 천국에 닿을 것 같은 높은 뾰족탑은 프랑스 초기 고딕양식 설계의 특징과 양식이 절정을 이룬 건축물이다. 내부도 교차리브볼트(안쪽으로 돌출한 능선에 아치형의 리브를 붙인 교차 볼트─역주)와 높이 솟은 기둥, 정교한 스테인드글라스가 경탄을 자아낸다.

성당에서는 대부분 시선을 위쪽에 두지만, 여기에서는 잠시 아래를 내려다보자. 이 성당의 신비로움은 바닥의 타일에서 발견되기 때문이다. 회중석 한가운데에 나선형으로 깔린 타일의 디자인은 미궁이다. 오래되어 많이 닳은 이 디자인은 구원을 향

한 길고 굽이치는 길을 나타낸다.

미궁은 약 4,000년 전부터 존재했다. 신석기 시대 이후로 구불구불한 기하학적 패턴이 벽에 그려지고 바위에 새겨지고 바구니로 만들어졌으며, 동전에 새겨지기도 했다. 그 매체는 다양했을지 모르지만, 가장자리부터 중심을 향해 우회하는 전통적인 디자인은 대체로 같았다. 여러 길을 선택할 수 있는 미로와 달리 미궁은 도중에 길을 선택할 수 없다. 일단 미궁에 들어가면 아무리 구불구불해도 오직 한 길로만 계속 나아갈 수밖에 없으며, 결국 마지막 지점에 도달한다는 것을 믿어야 한다.

가장 유명한 미궁은 고대 그리스 크노소스왕의 미궁이다. 이 미궁 안에 있던 수소처럼 생긴 미노타우로스를 죽인 것은 영웅 테세우스로, 선이 악을 이긴다는 교훈을 주었다. 두려움을 극복하고 구원을 찾는 이 이야기는 나중에 기독교 신앙에 투영되었고, 이교도의 상징인 미궁은 기독교에 통합되었다. 테세우스는 예수이고 미노타우로스는 사탄이다. 그리고 미궁은 신도 각자가 하느님을 찾아 떠나는 여정을 상징하는 것이다.

9세기부터 미궁의 디자인은 더 복잡해졌다. 바이센부르크 Weissenburg의 오트프리트Otfried라는 수도사가 전통적인 7회전 미궁 패턴에 4회전을 더하는 디자인으로 수정했다. 이렇게 완성된 11회전 양식은 중세 시대에 유럽 전역에서 만들어진 많은

미궁의 모델이 되었다. 그리고 샤르트르 대성당의 미궁보다 더 큰 것은 거의 없었다.

프랑스 중부에 있는 이 도시에 교회가 세워진 것은 4세기 이후인 것으로 여겨진다. 하지만 858년에 광포한 바이킹이 모든 것을 파괴했다. 876년에 교회는 성의(Sancta Camisa, 성모 마리아가 예수를 출산할 때 입은 튜닉)를 기증받았고, 샤르트르는 중요한 순례 중심지가 되었다. 샤르트르 노트르담 대성당Notre-Dame d'Chartres으로도 알려져 있고 유네스코 세계문화유산이기도 한 현재의 건축물은 이전의 어떤 교회보다도 더 넓고 크고 밝아야 한다는 목표하에 1145년부터 건축되기 시작했다. 이 설계에는 건축 목적과 마찬가지로 거창한 미궁이 포함되었고 13세기 초부터 만들어지기 시작했다.

샤르트르 대성당의 미궁은 화려하지는 않지만 우아하다. 또한 지름이 거의 13미터에 달할 정도여서 이 시기에 건축된 교회 미궁 중에서 가장 크다. 디자인은 네 개의 사분면으로 분할된 열한 개의 동심원이 있으며 가장 바깥 고리의 가장자리는 스캘럽scallop 모양(또는 태음월)이 에워싸고 있다. 이는 음력의 날수를 상징한다고 한다. 중앙에는 신과의 합일을 상징하는 꽃잎 6개의 장미가 있는데, 성당 북면에 있는 장미 창문을 반영한 것으로 보인다. 입구에서 중앙까지 구불구불한 길의 전체 길이는

약 260미터다. 이것은 예루살렘까지의 상징적인 여행을 하도록 계획된 것이며, 사려 깊은 성찰과 영적 순례를 위해 기술된 공간을 제공한다.

평소에는 의자가 놓여서 성당 바닥이 가려진다. 하지만 사순절부터 만성절(모든 성인의 날, 11월 1일-역주)까지는 금요일마다 의자를 치우기 때문에 미궁이 드러나서 조용히 명상하며 그 길을 걸을 수 있다. 물리적으로 이 길은 모든 순례자에게 동일하다. 구불구불한 그 길을 피할 수 없다. 하지만 그 길을 걸으며 하는 생각은 사람마다 다르다.

제한된 공간에서 정해진 길을 따라 미궁을 헤치며 나아가는 것은 외부의 결정을 받아들이고 싶은 욕구를 버리고, 대신 균형과 호흡에 집중하여 종교 또는 신비로운 존재를 받아들이고 인간 존재에 대하여 묵상하는 것이다. 이 길을 걷는 사람은 제한된 미궁에서 스스로와 대면할 수밖에 없다.

장소 독일 니더작센(Niedersachsen)주, 작센안할트
(Sachsen-Anhalt)주, 튀링겐(Thüringen)주에 걸쳐 있음
특징 마녀와 악마가 춤추는, 민담이 많이 발생한 산맥

하르츠산맥
HARZ MOUNTAINS

하르츠산맥의 주변에는 온통 마법이 걸려 있는 것 같다. 모든 산의 정상과 시냇물, 바위, 폐허에서 신비한 동물들이 출몰하는 것 같다. 마녀들이 모이고, 고블린(서양 동화에서 숲이나 동굴에 살면서 사람들을 괴롭히는 키 작은 괴물 – 역주)이 춤을 추고, 거인들은 어마어마하게 큰 협곡을 뛰어다닌다. 그리고 예쁜 공주의 가냘픈 한숨이 전나무들 사이로 메아리친다. 바위가 많아 울퉁불퉁하고 험하며, 동굴이 많고 숲이 울창하며 어두컴컴하고, 안개가 껴서 신비롭다.

하르츠산맥은 메르헨하프트Märchenhaft, 즉 동화를 위해 만들어진 곳이다. 그림에 비유하면 이곳은 풍경화가 아니라 보물 지도다. 숲 전체에 온갖 동물이 돌아다닐 수 있는 곳이다.

독일 북부에 완만하게 뻗어 있는 하르츠산맥은 오랫동안 독일의 정신에서 중요한 위치를 차지해왔다. 이곳은 그림Grimm 동화를 비롯하여 기독교 이전 시대의 많은 민담이 탄생한 곳이다. 오랜 세월 동안 촛불 아래서 사람들의 입을 통해 전해져 내려온 옛날이야기들은 현실에서 설명되지 않는, 신비로운 세계에서 일어나는 것들에 대해 들려준다.

시인들은 이곳에서 영감을 얻었다. 또 20세기 중반에 독일을 분단한 철의 장막이 있었던 곳도 바로 이 구릉지대다. 철조망을 치운 이후로 이곳의 자연은 회복되었다. 이곳은 산맥 이상의 의미가 있으며, 독일인의 정체성에서 중요한 부분을 차지한다.

여기에서 가장 크게 우뚝 솟은 브로켄Brocken산은 해발 1,142미터로 하르츠산맥의 최고봉이다. 발푸르기스의 밤(Walpurgisnacht, 4월 30일)이 되면 나무가 없는 이 산의 정상에 유럽의 모든 마녀가 빗자루를 타고 와서 모인다고 한다. 발푸르가 Walpurga는 8세기에 살았던 수녀원장인데, 사후에 성녀로 인정받았다. 그녀는 이교도들을 가톨릭으로 개종시키고 마법으로부터 보호한 것으로 유명했다. 또한 사람들을 역병과 흉작, 미친 개로부터 보호했다고도 알려졌다.

그러나 교회의 영향력이 유럽 전역으로 퍼져나가던 중세 시

대에도 하르츠처럼 미개하고 고립된 지역에서는 많은 이교 신앙이 사라지지 않았다. 시간이 흐르면서 이 외딴 산악 지역은 사악한 평판을 얻었다. 16세기 말부터 17세기 초까지 마법에 대한 히스테리가 최고조에 달했고, 1589년에만 크베들린부르크Quedlinburg 인근의 종교 관청들이 마녀라고 지목된 133명에게 화형을 선고했다. 그러면서 이곳은 무시무시한 마녀들이 즐겨 찾는 장소로 알려지게 되었다.

늙은 마녀들은 브로켄산 정상에 모여서 쉰 목소리로 떠들면서 사탄을 해칠 음모를 꾸몄다고 전해졌다. 이곳의 기암괴석에는 테우펠스칸젤(Teufelskanzel, '악마의 설교단'의 뜻)과 헥세날타(Hexenaltar, '마녀의 제단'의 뜻) 같은 이름이 붙여졌다. 이 잔인한 술잔치는 괴테의 희곡 《파우스트》에 등장하는데, 희곡에서 메피스토펠레스는 주인공 파우스트를 이 산으로 꾀어 흥청망청한 술잔치를 위해 날아온 마녀들의 모임에 합류시킨다.

발푸르기스의 밤이 되면 사람들은 이런 악령을 막기 위해 모닥불을 피웠다. 이 불을 헥센브레넨(Hexenbrenen, 마녀 화형)이라고 했다. 이 행사는 봄이 시작되고 악의 힘을 물리친다는 것을 알렸다. 이때 많은 사람들이 브로켄산의 자락에 자리한 쉬에르케Schierke 마을로 몰려든다. 이들은 뱀파이어, 발키리, 크론, 코볼드(고블린) 등의 복장을 하고 록 오페라 〈파우스트〉와 빗자루 기념품, 모닥불, 맥주, 브라트부르스트(돼지고기와 쇠고기로 만든 소시지 - 역주)를 즐긴다.

브로켄산에는 쉽게 갈 수 있다. 클래식 증기기관차가 보데 Bode 계곡을 따라 나선형으로 쉬에르케를 거쳐 정상까지 운행된다. 하이킹을 하는 방법도 있다. 이끼가 뚝뚝 떨어지고 노출된 뿌리에 발이 걸리는 소나무 숲을 걸으며 동화 같은 분위기를 느끼다 보면 나무가 없는 정상에 가까운 경사지가 나온다.

발푸르기스의 밤 축제는 하르츠 지역 전역에서 열리지만, 가장 큰 규모는 탈레Thale라는 작고 예쁜 마을에서 열린다. 탈레는 '마녀들의 무도장'이라는 뜻인 헥센탄츠플라츠Hexentanzplatz로 알려진 고원에 있다. 브로켄산의 동쪽으로 조금 솟은 이 암석 고원은 보데 협곡으로부터 450미터 높이로 솟아 있다. 이곳은 오래전에 산과 숲의 여신들에게 제물을 바치는 장소로 사용되었다.

기독교가 들어오고 경비대가 치안을 맡으면서 이교도의 관습은 금지되었지만, 원래 주민들이 마녀로 분장하여 신앙심 깊은 경비대원들을 쫓아냈다고 전해진다. 전설에 따르면 마녀들은 헥센탄츠플라츠에서 모였다가 브로켄산으로 흩어진다고 한다. 4월 30일이 되면, 이곳에는 거대한 모닥불이 타오르고 악마 분장을 한 수많은 사람들이 이 고원에서 술잔치를 벌인다.

　　　신화가 좋다 여행이 좋다

탈레부터 헥센탄츠플라츠까지는 곤돌라가 운행된다. 현재 이곳은 동물원과 상점 그리고 하르츠산맥의 전설들을 깊이 연구하는 발푸르기샬레 박물관Walpurgishalle Museum이 있어서 테마파크 같은 곳이다. 하지만 푸르른 보데 계곡 전체와 깊숙이 펼쳐진 울창한 숲, 첩첩이 보이는 언덕들, 깊이 팬 바위들, 콸콸 흐르는 시냇물 등의 경관은 여전히 마법에 걸린 듯하다.

북쪽으로 바로 옆에 있는 로스트라페Rosstrappe는 대단한 화강암 바위산으로 여기에도 전설들이 깃들어 있다. 탈레에서 케이블카로도 갈 수 있는 이 깎아지른 듯한 절벽은 게르만족의 위대한 전사이자 공주인 브룬힐데Brunhilde와 관련이 있다. 이야기에 따르면 보데Bode라는 거인이 브룬힐데와 강제로 결혼하려고 했지만, 공주는 새하얀 말을 타고 탈출했다고 한다.

헥센탄츠플라츠에서 뛰어 오른 공주는 깊은 협곡을 건너 로스트라페에 안전하게 착지했다. 이때 이 바위산에 말발굽 흔적이 영원히 남았고, 공주는 자신의 금관을 잃어버리고 말았다. 거인은 자신의 검은 군마를 타고 공주를 뒤쫓았지만, 협곡을 건너지 못하고 협곡 아래로 떨어져서 지옥의 개로 남았다.

탈레에서 트레제부르크Treseburg에 있는 폐허가 된 성까지 이어지는 길을 따라 보데 계곡을 거닐다 보면 공주의 잃어버린 금관을 보게 될 수도 있다. 그러나 진짜 보물은 따로 있다. 협곡

깊숙이 들어가서 트롤처럼 생긴 표석과 비밀스러운 가문비나무 사이를 거닐고, 악마의 다리를 건너 야생화가 만발한 언덕을 뛰어 돌아다니며 거인과 마녀들의 세계를 올려다보고 걸음마다 마법을 느끼는 것이다.

장소　체코공화국 프라하
특징　유대인의 유물이자 유대 전설에 나오는 골렘의 고향

스타로나바 유대교 회당
STARONOVÁ SYNAGOGA

프라하의 유대인 지구에 약 1만 8,000명의 유대인이 살았던 때가 있었다. 그 많은 유대인이 이 비좁고 혼잡하며 삐뚤빼뚤한 모양의 빈민가로 떠밀려 들어갔다. 이들은 꽉 막힌 공간에 거주하면서 박해를 받았다. 무력했던 그들은 비우호적인 세상에서 자신들을 보호해줄 수호천사가 필요했다.

13세기에 프라하에 거주하는 유대인들은 올드타운 스퀘어Old Town Square와 블타바Vltava강 사이에 위치한 요세포프Josefov 게토로 강제 이주를 해야 했다. 시간이 흐르면서 유럽의 다른 나라들에서 추방당한 유대인들이 들어오면서 이곳의 인구는 더

늘어났다. 프라하의 건물들은 오랜 시간에 걸쳐 리모델링되었기 때문에 요세포프의 건물들도 많이 사라졌지만 주요 건물들은 그대로 남아 있다. 심지어 나치 점령기에도 보존되었다. 히틀러는 프라하의 유대인 지구를 '멸종 인종 박물관'으로 보존하라는 오싹한 명령을 내렸다.

현재 요세포프에는 여섯 개의 유대인 회당이 있다. 그중에 알트노이슐(Altneuschul, old-new synagogue)이라고도 불리는 스타로나바 회당은 요세포프에서 가장 오래된 사적지이자 유럽에서 현재도 사용되고 있는 회당 중 가장 오래된 곳이다.

이 회당은 13세기 말, 프란체스코회의 석공들에 의해 건설되었다. 당시 유대인들은 길드에 가입할 수 없었으므로 석공이나 건축가가 될 수 없었기 때문이었다. 전설에 따르면 천사들이 파괴된 예루살렘의 솔로몬 성전에서 돌을 날라 와서 알트노이슐에 초석을 놓았다고 한다. 또 다른 이야기에서는 이 회당이 화재나 재난에 의해 파괴되지 않은 것 역시 천사들이 보호해준 덕분이라고 한다.

스타로나바 회당은 높은 박공지붕, 벽돌로 가파르게 쌓은 박공, 여성 좌석이 놓인 낮은 별관이 여전히 멋진 고딕양식의 건물이다. 기독교인들이 지은 건물이지만, 설계할 때 특정한 가이드라인에 따라 너무 교회처럼 보이지 않게 설계되었다. 예를 들

어 대체로 회중석은 성삼위일체와 연관되어 세 줄인데, 이 회당은 회중석이 두 줄이다. 또한 천장을 받치는 리브(늑골)는 다섯 개다. 구조적으로 필요한 리브는 네 개뿐이지만 그럴 경우 십자가의 네 팔과 너무 흡사하기 때문에 다섯 개로 받치게 했다.

이 회당의 아론 하코데시(aron hakodesh, 토라 두루마리를 보관하는 궤) 근처에는 출입이 금지된 커다란 나무 의자가 있는데, 바로 마하랄의 의자Chair of the Maharal다. 이 의자는 프라하의 마하랄로 불리며 이 회당에서 가장 중요한 유대인 랍비였던 뢰브 벤 베자렐Loew ben Bezalel이 임기 중에 앉았던 장소다. 1609년에 그가 사망한 후로는 아무도 이 의자에 앉지 않았다. 랍비 뢰브는 저명한 탈무드 학자이자 유대 신비주의자였고, 프라하 골렘을 만들어내기도 했다.

골렘(golem, 히브리어로 '형상이 없는' 또는 '형체 없는 덩어리'의 뜻)은 고대 유대의 이야기에 등장하는 존재다. 처음 만들어질 때는 무생물이었지만 완성된 후 신비로운 방법으로 생기를 부여받았다. 그 방법은 골렘의 입안에 셈(하느님의 이름 중 하나)을 적은 양피지를 넣거나 골렘의 이마에 '에메트(emet, 진리)'라는 글자를 새기는 것이다. 하지만 골렘은 '생명을 얻은' 후에도 오직 주인의 명령에만 따른다.

랍비 뢰브는 반유대주의 감정이 고조되던 시기에 프라하의 유대인들을 보호하기 위해 블타바강의 강둑에 있는 진흙으로 튼튼하고 큼직한 골렘을 만들었다고 한다. 골렘은 자기 역할을 충실히 해냈다. 랍비 뢰브는 매주 금요일 밤이 되면 골렘의 힘이 너무 세지는 것을 막기 위해 안식일이 되기 전에 골렘의 입에서 셈이 적힌 양피지를 빼내어 움직이지 못하게 했다.

하지만 일부 판본에 따르면 어느 금요일, 그는 양피지를 빼는 것을 잊었고 골렘은 미쳐 날뛰며 조각상들을 때려 부수고 무고한 사람들을 위협했다. 그 때문에 랍비 뢰브는 양피지를 영원히 빼내고 골렘의 몸을 스타로나바 회당의 다락방에 숨겼다고 한다. 만약에 골렘이 필요한 일이 생기면 언제든 되살릴 수 있도록 말이다.

안타깝게도 그 다락방은 오랫동안 출입이 금지되었고 다락방에 올라가는 사다리의 맨 아래 칸도 없어져서 사람들은 골렘에게 갈 수 없다. 하지만 프라하의 옛 유대인 공동묘지에 묻혀 있는 랍비 뢰브는 찾아갈 수 있다. 그의 무덤은 툼바(tumba, 집처럼 생긴 무덤)로 표시되어 있다. 그 주변으로는 사람들이 마하랄의 마법으로 소원이 성취되기를 바라는 마음으로 원하는 바를 적은 조약돌이나 접은 종이가 여기저기 흩어져 있다.

장소 슬로베니아 어퍼카르니올라(Upper Carniola)주

특징 산들에 둘러싸인 천국. 소원이 이루어질 수도 있는 곳

블레드 호수
BLEJSKO JEZERO/
LAKE BLED

동화 속 한 장면이 보인다. 놀라울 정도로 완벽한 것이 디즈니 애니메이션의 한 장면이 현실에 나타난 것 같다. 이제 공주가 왈츠를 추기만 하면 된다. 잔잔한 호수는 반짝이고, 황홀한 청록색의 물에는 숲이 우거진 언덕과 그 뒤로 멀리 보이는 희끗희끗한 산들이 비친다. 호수의 한쪽으로는 절벽 위에 우뚝 솟은 성(블레드성, Blejski Grad)이 있는데, 보루의 벽은 그 아래의 암석에서 자라 올라온 것처럼 보인다.

호수 한가운데에는 눈물 모양의 작은 섬이 있다. 섬의 물가에는 라임나무와 밤나무가 있고, 컵케이크의 촛불처럼 바로크 양식의 교회 첨탑이 보인다. 슬로베니아의 국민 시인인 프란체

신화가 좋다 여행이 좋다

프레셰렌France Prešeren이 일찍이 말했듯이 블레드 호수는 '평화로운 낙원'이다. 이 호수의 사진을 보는 것만도 행운이지만, 직접 방문할 수 있다면 더 큰 행운을 얻을 수 있을지도 모른다.

블레드 호수는 슬로베니아의 수도 류블랴나Ljubljana에서 북서쪽에 있는 율리안알프스Julian Alps 자락에 자리하는데, 약 1만 5,000년 전에 이 산맥이 구조적으로 융기하면서 새로 생긴 분지에 물이 유입되어 형성되었다. 물과 숲, 산, 섬 등 모든 것이 완벽하게 조화를 이루었는데, 어떻게 이렇게 될 수 있었는지 과학적으로는 잘 설명되지 않는다.

어떤 이야기에 따르면 계곡에 양치기들과 양떼가 자꾸 들어와서 짜증이 난 요정들이 계곡을 침수시켰다고 한다. 블레드섬은 요정들이 춤추던 언덕이 물에 잠기지 않고 남은 것이다.

사람들은 수천 년 전부터 블레드 호수에 이끌려 모여들었다. 이곳에서 발견된 일부 고고학적인 유물의 연대는 석기 시대와 청동기 시대까지 거슬러 올라간다. 서기 7세기부터 슬라브족이 오기 시작했고, 이들 다신교도가 블레드섬에 지바Živa 여신의 신전을 건설한 것으로 보인다. 지바 여신은 슬라브족이 섬기는 사랑과 다산, 물의 여신이다.

여기에서 발굴된 유물을 보면 745년에 기독교가 들어와 지바 여신이 성모 마리아로 강제로 바뀌었음을 알 수 있다. 프레

셰렌은 이 전설을 대서사시 〈사비차 폭포의 세례*The Baptism on the Savica*〉에서 묘사했다. 이 시는 어떻게 스타로슬라브Staroslav 사제와 그의 딸 보고밀라Bogomila가 지바 신전을 지켜냈는지를 노래한다.

이교도들의 지도자인 츠르토미르Črtomir는 이 섬을 방문한 후 보고밀라와 사랑에 빠진다. 다시 전투에 참전했다가 패배하여 돌아온 그는 보고밀라가 기독교로 개종했다는 사실을 알게 된다. 그녀는 츠르토미르가 전투에서 살아 돌아온다면 순결을 지키겠다고 서원한 사실을 털어놓으며 그에게 기독교를 받아들이고 세례를 받으라고 설득한다. 이 시는 보고밀라가 교회에 남고 츠르토미르는 선교사가 되어 떠나는 것으로 끝난다.

블레드섬의 분위기는 이 전설에서 연상되는 것보다 더 낭만적이다. 실제로 현재 이 섬에 있는 성모승천교회Cerkev Marijinepa Vnebovzetja는 고딕 양식으로 지어진 기존의 교회가 지진으로 무너진 후 17세기에 바로크 양식과 고딕 양식으로 재건축된 것인데, 결혼식 장소로 인기 있는 곳이다.

호숫가에서 교회까지는 99계단을 올라가야 하는데, 신랑이 신부를 안고 오르는 것이 관례다. 교회 내부에는 이전의 고딕양식 교회에서 건져낸 프레스코 벽화 몇 점이 보존되어 있으며, 순금의 제단이 있다.

제단 앞 중앙에는 종탑의 종에 매달린 밧줄이 있어서 방문자들은 종을 울리며 소원을 빌 수 있다. 옛날 옛적에 블레드성에는 폴릭세나Poliksena라는 여자가 살았다. 그녀의 남편은 강도들에게 살해를 당했고 강도들은 시신을 호수에 던졌다. 큰 슬픔에 빠진 그녀는 남편을 기리기 위해 갖고 있던 금과 은을 모두 모아서 교회에 걸 종을 만들었다. 하지만 종을 싣고 오던 중에 폭풍우를 맞아 배가 침몰해버렸다. 폴릭세나는 슬픔을 못 이기고 재산을 모두 팔아 교회에 기부하고 블레드성을 떠나 수녀가 되었다.

폴릭세나가 죽은 후 그 이야기에 감동한 교황은 블레드 호수 교회에 새로 종을 만들어주었다. 그 후로 누구든지 소원을 빌고 그 종을 세 번 울리면 소원이 이루어진다는 이야기가 전해져 내려온다. 가끔 바람이 제대로 불면 호수의 깊은 물 속 아래에서 울리는 종소리가 들릴지도 모른다.

장소 그리스 펠로폰네소스
특징 지하세계로 들어가는 고전적인 통로

알레포트리파 동굴

ALEPOTRYPA CAVE

이글거리는 태양 아래 바짝 마른 지표면에서 통로를 따라 깊숙이 아래로 내려가면 정적이 흐르고 캄캄하다. 동굴의 벽은 바위라기보다는 밀랍처럼 보이는 것이 단단한 물질이 아니라 흘러내리는 액체 같다. 천장에는 카르스트 지형의 종유석이 수없이 많이 매달려 있어서 축 늘어진 장막 같다. 카르스트 지형은 아주 오랜 시간에 걸쳐 서서히, 하지만 화려하게 형성된다.

정적 속에서 뱃사공의 노 젓는 소리만 유일하게 들린다. 뱃사공은 스틱스강(Styx River, 그리스 신화에 나오는 지옥의 강-역주)에서 노 젓는 카론Charon처럼 지하세계로 점점 더 깊숙이 들어간다.

그리스 신화에서 하데스는 죽은 자들의 세계를 지배한다. 사람이 죽어 그 영혼을 헤르메스가 스틱스 강가로 데려가면 늙은 뱃사공인 카론이 배에 태워 강을 건너 지옥의 문으로 데려간다. 지옥의 문 앞에는 머리가 여러 개인 케르베로스Kerberos라는 개가 지키고 서 있고 심판관들이 영혼 하나하나를 평가한다. 심판 후 착한 사람은 엘리시온Elysion 평원으로, 악한 사람은 하데스의 심연인 타르타로스로 보내져서 지은 죄에 대한 벌을 받는다.

일부 고대 신화에서는 하데스가 펠로폰네소스반도 내 마니반도Mani Peninsula의 끝이자 그리스 본토의 남단인 타이나론곶Cape Tainaron 아래에 있다고 이야기한다. 황량하고 개척되지 않은 산지인 마니에는 얼마 전까지만 해도 바다를 통해서만 갈 수 있었다. 지금은 탑이 있는 집들과 향기로운 덤불들, 바위들 사이로 나 있는 구불구불한 길이 곶까지 이어진다. 곶에 자리한 폐허가 된 아소마티Asomati 교회는 이전의 포세이돈 신전 위에 지어졌던 것이며 작은 만의 바로 옆에 있는 작은 동굴은 지옥의 입구를 알려주는 표시다.

동굴은 불길해 보인다. 그 안에는 간혹 낚시 도구들이 있으며, 특별히 깊지도 않고 광고판도 없다. 이것이 헤라클레스의 열두 임무 중 마지막 임무인 케르베로스를 끌고 간 입구라는 표시도 남아 있지 않다. 이곳이 세상의 끝인 것처럼 느껴질지도 모르지만, 지옥 같은 것은 분명 보이지 않는다.

마니반도는 주로 석회암으로 이루어져 있어서 침식을 받아 사람들이 숨어 들어갈 수 있는 복잡하게 얽힌 동굴들이 만들어 졌다. 이 동굴들은 신화를 창조한 사람들이 지하세계로 편리하 게 갈 수 있는 통로였다. 디로스Diros 동굴계에 속하는 알레포트리파 동굴은 마니반도에서 동굴을 탐험하는 사람들에게 가장 인기가 많다. 작은 공간들이 많은 거대한 동굴로 입구가 해안 가에 가까우며, 동굴 길이도 무려 15킬로미터에 달하는 것으로 추정된다. 가장 큰 공간은 축구장 세 개를 합친 정도로 길고 거 기에 담수가 채워져 있어 지하 호수를 이룬다.

알레포트리파는 '여우 동굴'이라는 뜻이다. 수다쟁이 노파들 의 이야기는 이렇다. 1950년대에 한 남자가 개를 데리고 여우 사냥을 하고 있었는데, 그 개가 어떤 틈을 뚫고 갔고 개를 쫓아 가던 남자가 그 동굴을 발견했다고 한다. 이 이야기는 사실일 수도 있고 아닐 수도 있다. 그러나 어떤 식으로 일어났든 그것 은 어마어마한 발견이었다.

알레포트리파는 펠로폰네소스반도 남부에서 아주 일찍부터 사람이 거주했다고 알려진 장소이며, 유럽에서 가장 크다고 알 려진 신석기 시대 매장지다. 기원전 6000년부터 기원전 3200 년까지 이곳에서 인간이 활동하고 매장이 행해졌다는 증거가 나온다. 하지만 기원전 3200년경 대지진이 일어나 입구가 무너져 내린 뒤 사람들은 이곳을 떠났다. 아마 그 안에 살던 주민들은 산 채로 매장되었을 가능성이 크다. 그 안에는 최대 100명이 거주했을 것으로 추정된다. 고고학자들은 항아리와 손도끼, 맷돌 같은 일상용품, 그리고 돌 구슬과 은 장신구, 토우 같은 장식품과 의식용품을 발견했다.

또 뼈도 발견되었다. 최소 170명의 인골뿐만 아니라 화석화된 표범과 하이에나, 사자, 하마의 뼈 등이 발견되었다. 사람들은 이 뼈들 때문에 역사적으로 이 지역을 하데스와 연결하게 된 것인지도 모른다. 알레포트리파는 고대 그리스의 영웅 시대에 대한 생각이 형성되기 시작했던 청동기 시대까지 사용되었다.

이미 만들어진 이 지하세계는 충분히 넓고 어두운데다 지하에 흐르는 강과 수천 년 전의 매장 유산까지 있어서 이미 존재하는 하데스였다. 고고학자들은 그리스인들이 이 신석기 시대의 동굴 무덤에 대한 문화적 기억 때문에 지하세계에 끌리게 되었고, 나중에 타이나론곶과 하데스를 연결하게 되었을 수 있다고 주장했다.

오늘날 보트를 타고 블리하다Vlyhada의 디로스 동굴을 지나 고개를 숙여 아주 좁고 으스스한 터널을 미끄러지듯 지나가면 동굴이 성당처럼 열린다. 그 안은 절묘하게 형성된 반짝이는 암

석으로 장식되어 있다. 보트 여행이 끝날 무렵에는 거대한 알레
포트리파가 얼핏 보인다. 잠깐만 걸으면 한때 생명으로 충만했
으나 지금은 영원히 죽음과 연결돼 있는 이 찬연한 동굴에 들어
갈 수 있다.

장소   스페인 안달루시아
특징   아주 풍요로웠던 반신화적인 전설의 문명

타르테소스
TARTESSOS

이 신비의 왕국으로 가는 길을 안내해주는 가이드북은 없다. 어떤 지도에서도 이 왕국의 정확한 위치와 경계를 찾을 수 없다. 그러나 적어도 전설에서는 타르테소스라는 이름이 여전히 유명하다. 이 이름은 많은 것을 지칭한다.

옛날이야기들 속에서는 타르테소스가 거대한 강(이베리아반도에서 세로로 흘렀다고 전해진다), 힘이 셌던 섬의 도시(강어귀에 위치했다), 그리고 이전에 스페인 남부의 일부를 지배했던 문명을 뜻한다. 타르테소스가 워낙 유명해서 세련된 고대 그리스인들도 그 이야기에 깊은 인상을 받았다. 그리스에서 멀리 떨어진 이 땅은 세련되게 발달한 문화와 부유함으로 유명했다. 시간이 흐르면서 타르테소스는 엘도라도 같은 곳이 되었다. 현실과 상상의 중간쯤 되는 곳 말이다. 이럭저럭 거의 사라질 뻔한 곳이었다.

타르테소스 사람들이 스스로에 대하여 직접 기술했다거나 이를 해독했다는 기록은 없다. 그러나 기원전 1000년경부터 그리스 출신의 필경사들이 이 제국에 대하여 언급하기 시작했다.

이 기록들은 헤라클레스의 기둥(일명 지브롤터 해협)을 지나 이베리아의 남서해안에 자리한 교양 있고 번영하는 문명사회에 대해 이야기한다. 그 사회는 이베리아 최초의 조직화된 문명이다. 그리스 키메Cyme 출신의 역사가 에포루스Ephorus는 전설 속 왕국의 '아주 번창하는' 수도가 해협에서 이틀을 걸어야 하는 거리(천 스타디온, 약 180킬로미터)에 있다고 기록했다.

그렇다면 타르테소스 도시는 로마인들이 바에티스강River Baetis이라고 부르는 강의 어귀에 있었을 것이다. 이후에 무어인들은 이 강을 과달키비르(Guadalquivir, '큰 강'의 뜻)라고 불렀다. 과달키비르강은 스페인 전체를 흐르지는 않지만 스페인에서 두 번째로 긴 강이다. 코르도바에서 발원하여 대서양으로 흐르는, 온전히 스페인 내에서만 흐르는 강이다.

타르테소스 왕국은 현재의 우엘바Huelva, 세비야Seville, 카디스Cadiz 등 세 주에 걸쳐 있었다고 한다. 이 왕국은 기원전 9세

기에서 5세기까지 그리스 및 페니키아와 교역을 하며 번성했던 것으로 추정된다. 이 나라는 어류와 가축부터 귀금속까지 천연자원이 풍부했다. 왕국 내 안달루시아의 북쪽 산맥에서는 금과 은뿐만 아니라 구리와 주석, 납이 채굴되었다. 그래서인지 장신구 제작 기술이 유명했다.

끝없이 풍요로워 보이는 이 땅에 대한 이야기는 동지중해로 퍼져나가면서 사람들에게 경외와 경탄을 불러일으켰고 엘도라도 같은 불후의 전설이 만들어졌다.

타르테소스를 가리키는 것으로 여겨지는 '타르시스Tarsis'는 성경에서도 여러 차례 언급된다. 구약성경에는 기원전 10세기에 상아와 금, 은을 가득 싣고 타르시스에서 돌아오는 배에 대한 이야기가 있다(우리나라 성경에는 '다시스' 또는 '달시스'로 번역됨-역주).

실제로 타르테소스에서 가장 유명한 왕은 아르간토니우스(Argantonius, '은의 왕')라고 불렸다(사실상 유일하게 무언가로 알려진 왕이다). 그러나 기원전 550년까지 왕국을 다스렸던 이 부자 왕은 마지막 왕이기도 했다. 이때 이후로 타르테소스는 역사책에서 사라진 것처럼 보인다. 지중해에서 강국으로 부상한 카르타고의 세력에 희생되었을 가능성이 크다. 하지만 그래도 의문이 생긴다. 이 왕국은 어떻게 흔적도 없이 사라졌을까?

오늘날 많은 학자들은 타르테소스 왕국 같은 나라는 없었다고 본다. 그들은 전설적인 이 문명이 그 지역의 문화와 페니키아의 영향이 융합된 것일 뿐이며, 여기에 무한한 금에 대한 소문이 더해져 더 과장된 것이라고 말한다.

타르테소스가 존재했다는 증거를 찾는 사람들에게 대자연 역시 도움이 되지 못했다. 지난 수천 년 동안 세월의 영향뿐만 아니라 인간의 개입 때문에 과달키비르 주변의 풍경이 완전히 바뀌었기 때문이다.

고대 기록에 따르면 타르테소스의 수도는 이름이 같은 타르테소스강의 동쪽과 서쪽 어귀 사이의 석호에 있는 섬에 있었다고 하는데, 현재 그런 섬은 없다. 과달키비르강이 대서양으로 흘러드는 강어귀로, 산루카르 데 바라메다Sanlúcar de Barrameda 마을 근처에 있다.

현재 이 삼각주 평야의 나머지 부분에는 염성소택과 시내, 변하는 모래언덕이 있으며 도냐나 국립공원Parque Nacional de Doñana에 포함되어 보호되고 있다. 일부 사람들은 타르테소스의 수도가 안달루시아의 아틀란티스(대서양 해저로 가라앉았다고 여겨지는 전설상의 대륙—역주)라고 한다. 그 믿음대로 이 전설의 수도가 그 아래에 있다면, 현재의 주인은 다마사슴(유럽에 서식하는 등에 하얀 점이 있는 사슴—역주)과 멧돼지, 희귀한 이베리아 스

신화가 좋다 여행이 좋다

라소니, 플라밍고 떼, 스페인흰죽지수리다.

그렇다면 오늘날 남아 있는 타르테소스 유물은 무엇이 있을까? 발굴을 통해 발견된 것은 거의 없으며 흩어진 석판 조각들에서 보이는 타르테소스어는 아직 해독되지 않았다. 타르테소스 왕국의 중심지로 가장 유력한 곳은 도냐나 습지 건너 산루카르Sanlúcar 서쪽에 위치한 우엘바로 보인다. 이 도시의 중심부에서 도자기 조각들과 함께 기원전 9세기의 벽이 발굴되었고, 현재 그 지역 박물관에 전시되어 있다.

인근의 에스카세나 델 캄포Escacena del Campo 마을은 해바라기와 올리브나무가 많은 구릉지에 있는데, 여기에 타르테소스 시대의 테하다 라 비에하Tejada la Vieja 유적이 있다. 기원전 8세기의 벽과 고대 길거리와 거주 공간의 토대가 발굴된 이 유적은 리오틴토Río Tinto 광산에서 대서양 연안으로 이어지는 길에 있었기 때문에 수송의 요지로 번성했던 것으로 보인다.

동쪽으로 더 가서, 오래된 광산 도시인 라호야(La Joya, '보석'의 뜻)에서 타르테소스의 공동묘지가 발견되어 수백 점의 예술품이 발굴되었는데, 그중 일부는 현재 파리 루브르박물관에서 전시되고 있다. 특히 훌륭한 작품 중 하나는 청동 포도주 주전자다.

이 주전자에는 타르테소스를 건국한 전설적인 통치자와 머리가 셋인 게리온(Geryon, 그리스 신화에 나오는 머리 셋, 몸통 셋인 괴물—역주), 그리스 영웅 헤라클레스가 서로 싸우는 환상적인 장면이 그려져 있다. 신화에 나오는 헤라클레스와 게리온이 그려진 주전자, 이것은 반半 신화적인 이 왕국이 존재했다는 얼마 없는 증거 중 하나다.

장소   이탈리아 시칠리아

특징   분노한 괴물 때문에 만들어진 다도해

리비에라 데이 치클로피

RIVIERA DEI CICLOPI

바로 앞바다에 거인들이 있다. 오만하고 뻔뻔하며 거무튀튀하고, 비바람에 울퉁불퉁하게 풍화된 그들은 육지 쪽을 향해 앉아 있고, 맑은 바닷물이 그들의 엉덩이를 씻어간다. 이 평화로운 만에서 튀어나온, 아름다운 바닷가 마을에서 가까운 곳에는 그들이 있을 자리가 없다. 그러나 거기에 그들이 있다. 격렬한 화산 활동 아니면 전설적인 분노의 산물로 말이다. 어쩌면 둘은 동일한 것일지도 모른다.

리비에라 데이 치클로피(Riviera dei Ciclopi, 키클롭스의 해안)는 시칠리아섬의 동해안에 있는 카타니아Catania 시에서 약간 북쪽의 앞바다에 펼쳐져 있다. 뒤쪽으로는 유럽에서 가장 높은 활

화산인 에트나Etna 화산이 거대한 모습으로 무섭게 불길을 뿜어내고 있다. 수 세기 동안 계속되어 온 이 화산의 분출과 울림은 해안선을 복잡하게 변화시켜서, 울퉁불퉁하고 비틀린 절벽은 움푹 팬 만과 여기저기 산재한 바위섬으로 바뀌었고 여기에서 많은 극적인 이야기가 나왔다.

특히 바위섬들에 대한 재미있는 이야기가 전해져 온다. 파라글리오니Faraglioni 또는 키클롭스 제도Isole Ciclopi는 아치트레자 Aci Trezza 마을 앞바다에 웅장하게 솟아 있는 세 개의 시스택(Sea stack, 암석 해안에서 해식작용에 의해 육지의 기반암과 분리된 기둥 모양의 바위섬-역주)이다. 어쨌든 지질학적으로 이 섬들은 약 50만 년 전에 형성되었다. 에트나 화산이 처음으로 분출했던 때다. 그러나 신화는 이와 다르다.

에트나 자체는 대장장이 신인 헤파이스토스(Hephaistos, 로마 신화의 불카누스)의 대장간이었다고 알려져 있다. 또 화산 활동이 활발했던 이 산의 측면에는 포세이돈의 아들인 폴리페모스 Polyphemos가 살았다고 한다. 그는 외눈박이 거인족인 키클롭스 Cyclops 중에서 가장 성미가 급했다.

호메로스의 서사시 《오디세이아Odysseia》에 따르면 그리스의 위대한 영웅 오디세우스Odysseus는 트로이에서 고향인 이타카로 돌아오는 중에 이 부근에서 골치 아픈 소동에 휘말렸다. 오디세우스와 그의 부하들은 항로에서 이탈하여 녹음이 우거진 이 해안에 상륙하게 되었다. 이내 그들은 우연히 양치기의 동굴을 발견했다. 그 안에는 고기와 치즈가 잔뜩 있었기에 그들은 배불리 먹은 후 포만감에 쓰러졌다. 그 후 동굴의 주인인 폴리페모스가 돌아왔고, 그는 음식 저장실에서 새로운 간식거리를 발견하고 기뻐했다.

그는 사람의 힘으로는 옮길 수 없는 무거운 돌로 동굴 입구를 막은 뒤 선원 두 명을 잡아먹었다. 그리고 트림을 하고 잠이 들었다. 다음날 아침 그는 돌을 옆으로 굴려서 양을 내보낸 뒤 다시 돌을 굴려 포로들을 가둬두었다. 나중에 맛있는 간식으로 먹을 생각이었다.

공포에 질린 오디세우스는 꾀를 생각해냈다. 그날 밤 그는 폴리페모스에게 독한 포도주를 자꾸 권한 뒤 술에 취한 거인의 외눈에 나무 말뚝을 박았다. 눈이 먼 폴리페모스가 다시 양을 풀밭으로 내보낼 때, 오디세우스와 부하들은 양의 배 밑에 매달려서 동굴을 빠져나온 뒤 재빨리 노를 저어 섬을 탈출했다.

배가 안전한 거리에 있게 되자 오디세우스는 참지 못하고 괴물을 향해 소리를 치며 조롱했다. 그러자 앞이 보이지 않고 화가 난 폴리페모스가 에트나의 경사지에서 거대한 바위 세 개를 비틀어 떼어내 퇴각하는 그리스인들이 있는 방향으로 던졌다.

　신화가 좋다 여행이 좋다

이 바위들로 바다 전체가 흔들리는 바람에 오디세우스는 키를 놓칠 뻔했다.

오디세우스는 탈출에 성공했지만, 화난 키클롭스가 던진 현무암 덩어리는 떨어진 곳에 여전히 남아 있다. 사실상 폴리페모스와 에트나는 동일하기 때문에 이렇게 떨어진 돌들은 화산 활동이 얼마나 강력했는지를 보여주는 증거다. 거인 키클롭스는 에트나 내부에 잠재된 파괴력의 상징이며, 화산의 큰 분화구는 키클롭스의 격렬한 분노가 뿜어져 나오고 모든 것을 보는 커다란 외눈과 비슷하다.

폴리페모스가 던진 바위들은 목표를 맞히지 못했지만, 그 위치가 자연에게는 더할 나위 없이 좋다는 것이 입증되었다. 현재 키클롭스 제도 해상 보호구역Cyclops Islands Marine Protected Area에 포함되는 이 섬들은 많은 동물들의 안식처다.

섬 주위의 바다에는 물고기들과 해면동물, 갑각류가 살고, 화려한 새들이 바위섬 위에 둥지를 틀었다. 키클롭스도마뱀Podarcis sicula ciclopica은 이 다도해 구역의 라케아섬Isola Lachea에서만 서식한다. 배를 타고 파라글리오니 주변을 둘러보는 여행 프로그램이 있는데, 중간에 라케아섬에 내려 관광을 할 수 있다. 이 섬에는 작은 자연박물관과 은둔자 동굴, 선사시대의 거주 흔적 등이 있지만, 안타깝게도 거인의 흔적은 없다.

장소 케냐 스와힐리 해안

특징 오랫동안 버려진 도시. 현재 삼림 속에 가려져 있으며 민담에 나옴.

게데(게디) 유적
GEDE(GEDI) RUINS

사람들은 이 고대 유적이 진(jinn: 이슬람 문화에 등장하는 눈에 보이지 않는 존재로 유령 또는 악마를 뜻함–역주)의 보호 아래 있다고 말한다. 수호 정령이 금 가고 부서져서 무너져 내리는 회색 석벽들 사이와, 튼튼한 바오바브나무와 열매가 주렁주렁 달린 무화과나무 사이에서 날아다니고, 훌륭했던 옛날 모스크와 궁전 유적들 사이를 돌아다니며, 풀이 웃자란 텅 빈 무덤 주위를 빙빙 돈다.

그곳은 분명 귀신이 출몰할 것 같은 장소다. 의미심장하지만 불길하다. 예전에는 짧은 역사에 비해 크게 발전했지만, 지금은 깨진 잡석이 뒹구는 땅으로 쇠락하고 메마른 숲으로 버려졌다.

어쩌면 거기에 몸을 숨기고 그 이야기는 무덤으로 가져가는 편이 나을지도...

잃어버린 도시 게데(현지의 오로모Oromo족 언어로 '귀중하다'의 뜻)는 '케냐의 마추픽추'다. 1920년대가 되어서야 외부인들에 의해 제대로 재발견되었으며, 코끼리가 돌아다니는 울창한 아라부코 소코케 삼림보호구역Arabuko-Sokoke Forest Reserve에 숨겨져 있다. 이 삼림지는 인도양에서 몇 킬로미터 떨어지지 않은 내륙에 자리하며 작은 해변마을인 와타무Watamu에서 멀지 않다. 전체 면적이 약 30헥타르인 게데는 12세기경에 건설된 것으로 추정된다. 이 도시는 두 차례 개축되었고, 새 성벽은 이 도시의 최전성기였던 15세기에 세워진 것으로 보인다. 하지만 17세기에 들어서 버려졌는데 이유는 알려지지 않았다.

포르투갈어, 아랍어, 스와힐리어 등 당시 이 지역에서 사용된 언어로 기록된 기록물은 없다. 이 도시가 어떻게 생겨났고 발전했으며 몰락했는지에 대한 자세한 내용은 여전히 분명치 않다. 이렇게 드러난 사실이 없기 때문에 상상으로 추측만 할 뿐이었다. 현지의 민담에는 온통 유령과 미스터리뿐이었으며, 사로잡혀서 게데로 끌려간 사람들은 다시는 보이지 않았다고 한다.

게데는 과거 사제들의 영혼인 '옛사람들Old Ones'이 지키고 있다고 한다. 이들은 사람들에게 친절하고 그들을 보호해줄 수 있지만 이곳을 손상시키거나 무시하는 사람에게는 저주를 내린다. 1948년에 이곳에서 처음으로 발굴 작업을 실시한 고고학자인 제임스 커크먼James Kirkman도 게데의 으스스한 분위기를 감지했다. "게데에서 작업을 시작했을 때 뭔가가, 아니 누군가가 벽 뒤에서 내다보고 있다는 느낌이 들었다. 적대적이지도 우호적이지도 않았고 그저 그 누군가가 무슨 일이 일어날지 알고 기다리고 있다는 느낌이었다"라고 그는 기록했다.

유적지는 광대하고 상당히 정교했다. 산호석과 석회석, 모래로 건설되었고 두 개의 동심원 성벽 안쪽으로는 정돈된 거리가 가로세로로 반듯하게 펼쳐져 있었다. 안쪽 성벽 안에는 부자들이 살았고, 안쪽 성벽과 바깥쪽 성벽 사이에는 농장, 플랜테이션, 진흙과 와틀이라는 잔가지로 지은 중산층이 거주하는 집이 있다. 농부들은 성벽 밖의 땅에서 살아야 했다. 현재 대大 모스크와 정교한 기둥 형식의 무덤 잔해가 있다. 무덤 안에는 이맘(이슬람교 교단의 지도자—역주)이 안치되어 있다.

또 왕을 알현하던 궁전의 잔해도 있다. 창문과 문이 없는 방은 지붕에 있는 비밀 입구를 통해서만 들어갈 수 있는데, 저장실 같은 보물창고로 여겨진다. 또 게데에는 배수로와 저수탱크가 있었고, 심지어 중세 시대치고는 아주 발달한 형태인 물을

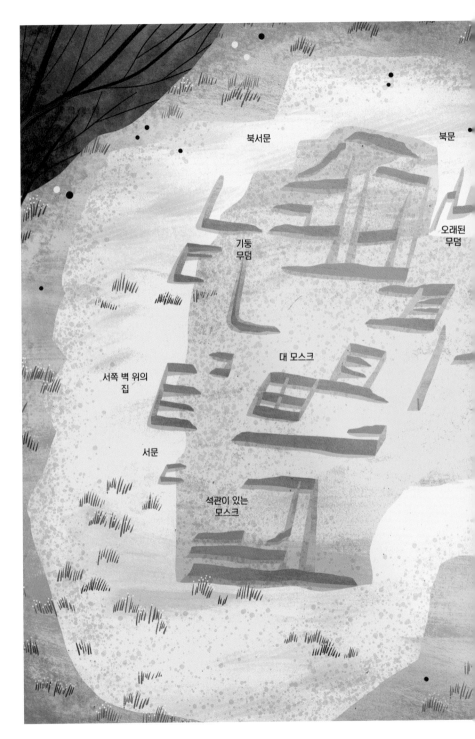

북서문

북문

오래된
무덤

기둥
무덤

대 모스크

서쪽 벽 위의
집

서문

석관이 있는
모스크

정원이
두 개인 집

벽 사이에 있는
모스크

안쪽 성벽의
동문

내릴 수 있는 변기가 있는 욕실도 있었다. 그런데도 이 도시는 몰락했다.

그 이유를 설명하는 가설이 많이 있다. 16세기 초부터 포르투갈인들이 들어오면서 스와힐리 해안Swahili Coast과 인도양을 오가는 해상 무역이 불안정해졌고 잠재적으로 게데 경제는 큰 타격을 받은 것으로 추측된다. 약간 내륙 쪽에 위치했지만, 중국 명나라의 화병, 스페인의 가위, 인도의 램프, 베네치아의 유리 제품 등 지구 구석구석에서 온 물품들이 발견되면서 이 도시가 교역의 중심지였음을 알 수 있었다.

아니면 격렬한 전투나 침입이 있었다는 증거는 없지만, 북쪽의 오로모족이나 남쪽의 와짐바Wazimba족 같은 우호적이지 않은 부족들이 들이닥쳐서 주민들을 몰아냈는지도 모른다. 또는 지하수면이 내려가서 게데에 있는 우물들의 물이 부족하여 최대 2,500명에 달하는 인구가 버틸 수 없었을 수도 있다.

어떤 이유였든 게데는 황폐해졌고, 그 안에 있던 보물은 사라졌다. 금이나 귀중한 보석은 발굴되지 않았다. 게데의 주변을 빙 돌아 올라가서 이슬람 양식의 아치형 입구를 통과하여, 지금은 나무뿌리가 파고들었지만 잘 계획된 거리를 따라 걷다 보면 중세 스와힐리족의 생활 방식을 살짝 엿볼 수 있다. 지금은 그 공간을 원숭이와 나비, 취목, 유령들이 차지했다.

장소 세네갈과 감비아
특징 서아프리카 황야에 세워져 있는 고대의 기념물

세네감비아의 환상열석
CERCLES MÉGALITHIQUES
DE SÉNÉGAMBIE

환상열석이 두 개의 큰 강 사이에 흩어져 있다. 세계 곳곳에서 발견되는 스톤헨지의 축소판 같다. 이유는 알 수 없지만 울퉁불퉁한 선돌들이 둥글게 고리 모양으로 늘어서 있는 것이다. 고대의 기념물은 그리 높지는 않지만 수백 개, 아니 수천 개나 있다. 말끔하고 깨끗한 것도 있고 시간이 흘러 쓰러지고 기울어진 것도 있다.

이 돌들이 있는 곳은 반건조성 기후대인 사헬 지역(Sahel, 사하라사막 주변 지역−역주)의 황색 초원이다. 이곳에 아주 오랫동안 그렇게 많이 있었는데도, 아주 대담한 사람들만이 이 돌들을 찾을 수 있다. 일 년 내내 많은 사람들이 찾아오는 영국의 스톤

헨지와 달리, 이 특별한 환상열석을 찾는 방문객은 염소와 새들 말고는 거의 없다.

세네감비아(Senegambia: 세네갈강과 감비아강 사이의 지역–역주)에 있는 환상열석은 '아프리카의 스톤헨지'라고 불렸다. 하지만 그런 별칭은 유네스코 세계유산으로 지정되었는데도 거의 알려지지 않은 이 유적의 규모와 퍼져 있는 범위를 제대로 표현했다고 보기는 어렵다.

이 거대한 돌기둥들은 남쪽으로는 거대한 감비아Gambie강에, 북쪽으로는 세네갈의 살룸Saloum강에 둘러싸인 이 지역에 점점이 흩어져 있다. 2천여 곳에 있는 1만 7천 개의 기념물을 형성하는 약 3만 개의 거대한 돌들은 철이 풍부한 바윗덩어리를 손으로 깎아 만든 것들이다. 이곳은 전 세계에서 발견되는 인공 구조물들이 가장 넓게 집중 분포한 곳이다.

개별적으로 보면 원형부터 돌무덤 형태까지 크기가 큰 기념물은 없다. 대다수가 높이 1미터를 넘지 않고, 2.5미터 정도로 큰 것은 소수에 불과하다. 가까운 채석장에서 철제 도구를 사용하여 캐낸 바윗덩어리들을 단순한 원주 모양과 주사위 모양으로 깎았다.

일부는 V자 모양의 수금(리라)처럼 조각된 것도 있지만 그밖의 것들에는 공 모양의 돌기가 있다. 그 후에 이 선돌들은 미리 원형으로 배열하여 파놓은 구덩이들에 세워졌다. 일반적으로 약간 솟은 모래땅에 열 개 내지는 스무 개의 선돌이 고리 모양을 이루고 간혹 그 위에 자갈이 쌓여 있다. 또한 기둥들이 동쪽을 향해 일렬로 서 있는 것들도 많다.

이 선돌들은 왜 이런 모양으로 배열되어 세워졌을까? 아무도 모른다. 일부 환상열석은 아마 무력 충돌이나 질병 발생 후에, 아무렇게나 시신을 던져 넣은 집단 무덤의 표시인 것으로 보인다. 다른 환상열석들은 의식에서 사용된 제물을 나타내는 것처럼 보인다. 한 학자는 이 선돌들에는 의미가 있다는 주장을 했는데, 예를 들어 큰 돌 옆에 세워진 작은 돌은 부모와 자녀가 함께 매장되었다는 뜻일 수 있으며, 쪼개진 수금 모양의 선돌은 친척인 두 사람이 같은 날에 죽어서 함께 매장되었음을 보여주는 것이라고 했다.

이 기념물들을 만든 사람들도 여전히 미스터리다. 알려진 내용은 각각의 현장마다 구조물을 건설하기 위해 굉장한 시간과 노력, 조직이 필요했을 것이며, 이는 그 배후에 번영하고 세련된 사회가 있었음을 암시한다는 정도다.

또한 이 환상열석들은 아주 오래전의 것들이다. 여기에서 발견된 도자기, 철로 만든 무기, 창끝, 청동 장식품, 사람의 해골 등과 같은 고고학적 증거물들은 이 환상열석들이 기원전 3세기부터 16세기까지 1,500년이 넘는 시간에 걸쳐 만들어졌음을 암시한다.

물론 현지인들은 이 기념물을 만든 사람들에 대하여 나름대로 가설을 갖고 있다. 대대로 전해져 내려오는 이야기들에 따르면 이 돌들은 태초에 신들이 옮겨다 놓은 것이라고 한다. 다른 전설에서는 이 돌들이 고대 거인족이나 추장들의 묘석이며 감히 무덤의 주인을 방해하는 사람에게는 저주가 내린다고 한다.

이 이야기는 이 구조물들이 사람의 손을 그렇게 적게 탄 이유에 대한 설명이 될 수도 있다. 이와 관련하여 불가피하게 이 돌들 주변으로는 영혼(선한 영일 수도, 나쁜 영일 수도 있다)이 맴돌고 있다는 말이 있고, 선돌 자체가 악한 사람의 유골이 돌로 굳은 것이라고 생각하는 이들도 있다. 이 환상열석들이 신성한 장소가 된 것은 분명하다. 현재도 사람들이 과거 조상들의 혼을 기리거나 달래려는 듯이 선돌 위에 자갈과 음식을 공물로 올려놓는 것을 보면 말이다.

열석들은 넓은 지역에 분포해 있는데, 특히 네 곳에 천 개가 넘는 열석이 있다. 이곳들을 4대 환상열석이라고 하는데, 세네갈의 시네응가예네Sine Ngayène와 와나르Wanar, 감비아의 와수Wassu와 케르바치Kerbatch다.

이 중에 가장 큰 것은 시네응가예네로, 한 개의 이중 환상을

반줄

감비아강

바오보롱
습지보호지역

와나르
환상열석

지네웅가예네
환상열석

케로바치
환상열석

와수
환상열석

잔잔부레

포함하여 52개의 환상열석이 있다. 11개의 열석이 있는 와수에
는 가장 높은 선돌이 있다. 모두 감비아의 수도 반줄에서 험한
길을 자동차로 다섯 시간 정도 가야 도착할 수 있다. 그래서인
지 모두 미스터리인 채로 남아 있다.

장소 중국 네이멍구(内蒙古)자치구

특징 아름다운 경관의 전형이 된 전설의 장소

상도 유적
上都/XANADU

상도(上都, Shangdu. 영어명 Xanadu)는 그냥 도시가 아니다. 그보다 훨씬 더 큰 의미가 있다. 단순히 대리석과 벽돌의 집합이 아니라 비전과 신화가 담겨 있고, 과학과 학문과 문화, 종교를 선도하는 중심지이고, 탐험가와 학자, 시인에게 영감을 주며, 이 도시가 쇠퇴하고 사실상 무너져 내린 후에도 사전에서 오랫동안 살아남은 화려한 영광의 대명사다. 현재 이곳은 건물의 토대만 남은 광대한 폐허가 되어, 과거의 영광은 낮은 구릉지와 모래 언덕, 바람에 흔들리는 풀에 가려져 보이지 않는다. 화려한 궁전은 폐허가 되었지만, 그 전설은 여전히 살아 있다.

베이징의 북쪽, 네이멍구자치구에 있는 이곳은 원나라의 여름 수도였는데, 1256년부터 건설되기 시작했다. 당시는 몽골의 황제 몽케 칸(Möngke Khan, 칭기즈 칸의 손자)이 중국 정복에 몰두하던 때였다. 1259년에 몽케 칸이 사망하고, 칸 자리를 계승한 쿠빌라이 칸(칭기즈 칸의 또 다른 손자)은 1271년에 중국을 완전히 정복하면서 원나라의 건국을 선포했다. 황제가 된 쿠빌라이 칸은 여름이면 수도인 대도(大都, 지금의 베이징)의 무더위를 피하기 위해 고지대에 있는 상도의 화려한 궁전으로 피서를 갔다. 사실상 상도가 권력의 중심지가 된 것이다.

이 궁전은 단순한 시골 별장이 아니었다. 상도를 설계한 한족 건축가 유병충劉秉忠은 문화가 통합되고 자연이 조화롭게 어우러지는 도시를 만들어냈다. 상도는 처음부터 중국의 전통 풍수 사상에 따라 땅과 바람, 물의 힘이 합치되는 곳에 계획되었다. 도성은 남북축을 중심으로 퍼져 가며, 북쪽에는 산이, 남쪽에는 강이 흐른다. 또 별에도 맞추어 건설되었다.

광대한 도성 단지의 중심부에는 쿠빌라이 칸이 거주하는 궁전이 있었다. 1275년경에 이곳을 방문한 마르코 폴로는 "아주 훌륭한 대리석 궁전 안의 모든 방에는 금박이 입혀져 있고 사람과 짐승, 새의 그림이 그려져 있다…. 모두 아주 아름다운 예술품으로 꾸며져 있어서 보는 사람이 즐겁고 경이롭다"라고 기록하고 있다. 또 그는 칸이 연못, 시내, 야생동물이 사는 목초지가

있는 대정원(칸이 표범을 데리고 말을 타는 곳)뿐만 아니라 '황제의 명령에 따라 어디에든' 쉽게 꾸렸다가 다시 세울 수 있는 정교한 궁전(Cane Palace, 수천 년 동안 스텝 지대에서 유목 생활을 하던 몽골인들의 전통 천막인 게르 또는 유르트의 사치스러운 버전)을 소유하고 있다고 기록했다.

유병충은 이런 방식으로 농경을 하는 중국 문화와 유목을 하는 몽골 문화를 융합하여 한족의 건축 양식 요소를 대초원의 풍경에 통합시켰다. 그리고 원나라의 국제적 위상이 높아지고 서양의 외국인 여행자들이 찾아오기 시작하면서, 상도 도성 안에서 사상과 신학, 기술이 논의되었고 그 문화적 다양성은 계속 확장되었다. 특히 아시아와 중동의 천문학자들이 이곳에 와서 당시 세계에서 가장 발달한 천문기구들을 개발했다. 또한 쿠빌라이 칸은 종교에 관한 논쟁을 장려했고, 그 결과 티베트 불교가 몽골 전역으로 광범위하게 전파되었다.

문화적으로 그렇게 뛰어났지만, 상도의 영광은 그리 오래가지 않았다. 원나라는 1368년에 멸망했고 상도는 1430년에 버려졌다. 하지만 전설은 멈추지 않았다. 영국의 낭만파 시인 새뮤얼 테일러 콜리지Samuel Taylor Coleridge는 상도를 방문한 적이 없었지만, 자신의 시 〈쿠블라 칸Kubla Khan〉에서 상도가 계속 살아남았을 뿐만 아니라 도시 그 이상의 것이라고 확인해주었다

(이 시는 콜리지가 아편 복용 후 본 환상을 회상하여 쓴 시로 유명하다). 상도는 상상을 초월하는 '환락궁', 신비로운 환상의 장소, 사람의 힘으로는 넘어설 수 없을 정도로 호사스러운 장소가 되었다.

이곳은 원나라의 도시들 중에서는 가장 잘 보존된 곳임에도, 아쉽게도 현재 남아 있는 것은 거의 없다. 남아 있는 유적에서 성벽과 성문 거리와 함께 9,000제곱미터에 달하는 거대한 궁궐의 윤곽을 알아볼 수 있다. 붕괴된 상태이긴 하지만 1,000개가 넘는 건물이 확인되었다. 점토로 만들어 황청색 유약을 바른 용, 밝게 색칠한 처마, 자연물이 그려진 빗물받이 돌 같은 유물을 보면 과거 상도에서의 생활은 색을 많이 사용하여 다채로웠음을 알 수 있다. 그러나 상상할 수 없을 정도로 풍요로운 저택과 훌륭한 사상이 조화를 이루었던 이 도시에 지금 남은 것은 잡초와 새들뿐이다.

다카치호
高千穗

좁은 협곡의 맨 아래까지 내려가면 빛이 사라진 것 같다. 깎아지를 듯한 검은 현무암과 얼어붙고 침식을 당한 화산쇄설암으로 이루어진 구불구불한 절벽이 검푸른 강에 어두운 그림자를 드리운다. 협곡 위로 우거진 나뭇잎은 너무 울창하여 강에는 빛이 거의 들어오지 않는다. 장엄한 경관이지만 움푹 파인 곳에 있어 잘 보이지 않고, 색다르며 태고의 모습을 지닌 세상이다. 이곳은 뾰로통해져, 타오르는 듯한 자신을 숨기고 싶어한 태양의 여신에게 어울리는 장소다.

일본의 토착 종교인 신도神道는 이 나라의 역사만큼이나 오래되었다. 이 종교는 창시자도 최고 존재도 중심 교리도, 성경

이나 코란과 같은 공식적인 경전도 없다. 신도의 핵심 믿음과 사상은 만물에는 신성한 힘이 존재하며, 사람은 본래 선하지만 악한 영혼들 때문에 사악해진다는 것이다. 따라서 신자들은 악한 영혼이 가까이 오지 못하도록 신사神社를 방문하고 기도문을 암송하며, 신도의 신들(가미かみ: 사람의 본령 또는 사상, 존재가 될 수 있는 신성한 본질로 나무, 강과 산, 바람과 비, 문학, 사업, 다산 등을 관장하는 신들이 있다)에게 공물을 바치는 등 다양한 의식을 수행한다.

신도의 주요 가미 중에 아마테라스 오미카미天照大神가 있다. 이 신은 태양, 농업과 직조의 여신이기도 하다. 아마테라스는 신도에서 으뜸이 되며 일본열도를 만들었다는 이자나미伊邪那美와 이자나기伊弉諾尊의 딸이다. 전설에 따르면 아내인 이자나미가 죽자 상심한 이자나기는 그녀를 보기 위해 경솔하게 요미노쿠니(黃泉國, 저승)로 떠났다고 한다. 그녀는 남편에게 오지 말라고 부탁하며 그를 쫓아냈다. 그 후 이자나기는 자신에게 붙은 저승의 불결함을 떨치는 의식을 치러야 했다. 우토강에서 몸을 씻을 때 그의 왼쪽 눈에서 아마테라스가 태어났고, 조금 있다가 오른쪽 눈에서 달의 신인 쓰쿠요미가, 코에서 폭풍과 바다의 신인 스사노오가 태어났다.

아마테라스는 남동생인 스사노오와 늘 다투었다. 어느 날 더

이상 참을 수 없었던 아마테라스는 천상에서 스사노오를 쫓아냈다. 화가 난 스사노오는 미친 듯이 날뛰며 천상과 지상 모두를 파괴했다. 아마테라스의 논을 파괴하고, 가죽을 벗긴 섬뜩한 말을 그녀의 베틀에 던지고는 그녀의 시종 한 명을 죽였다. 아마테라스는 분노와 슬픔을 동시에 느꼈다. 그녀는 아마노 이와토(天岩戸, 천상에 있는 바위 동굴)에 들어가서 거대한 바위로 동굴 입구를 막고 숨어버렸다. 이 여신이 사라지자 세상은 어둠에 빠졌고, 악령들이 마음대로 날뛰면서 세상은 혼란스러워졌다.

다른 가미들은 어떻게든 아마테라스를 밖으로 나오게 하려고 애썼다. 그래서 야오야로즈(8백만에 달하는 무수히 많은 신들)가 근처에 있는 아마노 야스가와라天安河原 동굴에서 모여 대책을 의논했다. 다양한 의견들이 나왔고 시도되었다. 아마테라스를 유인하기 위해 동굴 바로 밖에서 잔치를 열기도 하고, 아마테라스가 새벽이 되었다고 생각하게끔 홰를 치며 우는 수탉을 풀어놓기도 했다.

결국에는 보석과 거울로 장식한 커다란 비쭈기나무(옛날에 신사의 경내에 심었다는 상록수의 총칭-역주)를 동굴 입구에 놓은 뒤, 아메노 우즈메 여신이 아주 도발적인 춤을 추었고 다른 신들은 그 모습을 보며 크게 웃었다. 드디어 아마테라스는 호기심이 생겨 입구를 막은 바위를 조금 열고 밖에서 벌어지는 일을 보았다. 그리고 그녀가 거울에 비친 자신의 매력적인 모습에 정신이 팔린 사이에 운동과 체력의 신인 아메노 타지카라오가 무지막지한 힘으로 그녀를 끌어당겨 밖으로 나오게 만들었다. 그렇게 해서 세상은 다시 밝아졌다.

일본의 서쪽에 있는 규슈九州섬의 미야자키宮崎현 조용한 구석에 위치한 산간 마을인 다카치호는 아마테라스 신화 세계의 중심에 있다. 이곳은 동화에 나오는 마을 같다. 험준한 협곡 사이로 청록색 강이 평화롭게 흐르고, 이끼 낀 절벽 아래로 폭포가 흘러내리며, 산비탈에는 처녀림이 있다. 그 한가운데에 이곳이 신들의 장소임을 일깨워주는 신사가 있다.

마을을 조금 벗어나면 언덕으로 이어지는 오솔길이 있고 굽이치는 이 길을 따라가면 아마노 이와토 신사天岩戸神社가 나온다. 히가시혼구東本宮와 니시혼구西本宮로 이루어진 이 신사의 본채는 현대 건물이긴 하나 전통적인 신도 양식이다. 울창한 숲속에는 오래된 삼나무와 희귀한 은행나무 등이 자란다. 본채 뒤에는 전망대가 있어서 강 건너의 아마노 이와토 동굴을 볼 수 있다. 하지만 더 이상은 가까이 갈 수 없게 금지되어 있다.

그러나 8백만 명의 신들이 머리를 짜냈던 아마노 야스가와라 동굴은 찾아갈 수 있다. 니시혼구에서 출발하여 강을 따라 나 있는 작은 길을 가서 아치가 있는 홀쭉한 다리를 건너면 된

신화가 좋다 여행이 좋다

다. 길을 따라가다 보면 수백 개의 이와사카(돌무덤)가 있는데, 이는 순례자들이 다녀간 것을 기념하는 표시로 만든 것이다. 돌무덤 하나를 무너뜨리면 그 보상으로 두 개를 더 만들어야 한다.

이 동굴의 입구에는 도리이鳥居 문이 세워져 있다. 돌길은 아래와 안쪽으로 이어져 있는데, 안쪽에는 바위에 작은 신사가 만들어져 있어서 공물을 봉납할 수 있다. 사람들은 이곳을 영적인 기운이 진동하는 '기가 센 곳'이라고 하는데, 동굴의 시원한 그늘에 서서 부드러운 강물 소리와 바람에 흔들리는 나뭇잎 소리를 듣고 있으면 이 말이 사실처럼 여겨진다.

그러나 아마테라스가 깨달았듯이, 이 동굴에서 영원히 있을 수는 없다. 매일 밤 인근의 다카치호 신사에서는 아마테라스 여신이 다시 빛의 세계로 나오게 된 전설을 재연하는 요카구라 춤이 공연된다.

장소 인도 히마찰프라데시(Himachal Pradesh)

특징 모든 암석과 봉우리, 강마다 이야기가 있는 전설의 '중간 땅'

스피티 밸리
SPITI VALLEY

공기가 희박한 고도에서는 숨을 헐떡이고, 아름다움과 믿음을 초월하는 이곳에서는 정신이 헐떡인다. 모든 면에서 숨이 막힌다. 맨땅이 드러난 산비탈 뒤로 장대한 히말라야가 높이 솟아 있고, 아래의 세곡 사이로는 은은한 회녹색 강이 굽이굽이 흐른다.

대단하지는 않지만, 절벽 가장자리로 길이 아슬아슬하게(위험하게) 나 있다. 먼지가 잔뜩 쌓인 노두 위의 풍화된 지구라트(메소포타미아 지역에서 발견되는 고대의 건조물로 성탑, 단탑이라고도 한다—역주)처럼, 진흙 벽돌로 만든 집들도 하늘에 닿을 듯 솟아 있다. 기도 깃발(티베트 불교에서는 오색 천에 라마 불교의 경전을 적어 긴 줄에 달아 놓는다-역주)이 세차게 부는 바람에 나부낀다. 농부와 수도승, 양, 야크를 제외하고는 모든 것이 널찍하고 크며, 자연 그대로이며 텅 비어 있다. 그리고 물론 데브타(Devta, 이 거친 황야에 살고 달래주어야 하는 무수히 많은 영혼들)가 있다.

스피티는 인도와 티베트 사이에 있는 히마찰프라데시주의 북동쪽에 위치한 외진 계곡인 '중간 땅'이다. 인구는 얼마 안 되어 약 8천 제곱킬로미터의 면적에 만 명 정도에 불과하다. 대부분 이곳에서 태어나서 평생 떠나지 않는데, 쉽지 않은 일이다. 이곳으로 가는 유일한 방법은 아찔한 산길뿐인데, 길고 추운 겨울에는 눈 때문에 길이 막히는 일이 종종 있다. 외부 세계와 연결된 도개교를 들어 올린 것처럼 고지대에 위치한 이 사막은 단절된다. 하지만 영적으로는 단절되지 않는다.

불교가 스피티에 처음 전해진 것은 서기 8세기경이었다. 인도의 신비주의자인 파드마삼바바Padmasambhava가 이곳에 불교를 가르치는 사원을 여러 개 세우면서 전래되었다. 그중에는 오늘날까지도 남아 있는 타보 사원Tabo Monastery도 있다. 이 지역은 수백 년 동안 힌두교도와 이슬람교도, 시크교도의 지배를 받았지만, 현지인들은 고유의 전통을 버리지 않았다. 이곳은 '라마교의 땅'이다.

이곳에서는 예불을 드리는 것이 일상이며, 하늘과 땅에 연결

되어 있다는 느낌이 강하게 느껴진다. 모든 바위와 봉우리, 강에 전설이 깃들어 있다. 영혼의 기분에 따라 색이 바뀌는 산과 악마의 가슴에 세워진 사원, 오직 정신력으로만 수행을 하는 수도승과 요정들에게 홀린 호수에 대한 이야기들이 전해져 온다. 그뿐만 아니라 모든 마을에 고유의 데브타(신)가 있는데, 사람들은 풍작과 좋은 날씨를 기원하며 기도와 독한 아라크 술로 데브타를 달래야 한다.

스피티 밸리로 가는 길 중간에 해발 3,978미터의 로탕라 Rohtang La 고개가 있다. 그 고개를 넘어가면 나무가 울창한 녹색의 산마루는 달 표면처럼 삭막하지만 장관을 이루는 지형으로 바뀐다. 이곳에서 여러 신화가 모인다.

계곡 밖에 사는 사람들은 이 길이 힌두교의 시바신Shiva이 만든 것이라고 한다. 그러나 그곳에 거주하는 불교도들에게 물어보면 티베트의 걀포 게이세르Gyalpo Geyser 왕이 만들었다고 말한다. 이 왕은 자신의 날개 달린 말을 타고 코스카르산맥Khoskar range으로 갔다. 이곳을 통과하는 길을 찾고 싶었기 때문이다. 그는 마법의 수렵용 말채찍을 세게 휘둘러서 산맥에 강한 충격을 주었다. 다시 채찍을 휘두르려고 할 때 한 여신이 그를 막으며, 이곳에 가는 것이 너무 쉬워지면 불교도들이 반대편에 사는 사람들과 섞이게 될 것인데 그렇게 되는 것은 바람직하지 않다

고 했다.

이 계곡에는 옛날부터 있던 타보(10세기), 사람들이 많이 찾는 키(Kee, 붉은 승복을 입은 젊은 라마승 수백 명이 와서 수련을 받음), 절벽 끝에 있는 단카르(Dhankar, 강의 합류점 위의 지맥 높은 곳에 있음), 신성한 라룽(Lhalung, 천사들이 하룻밤 사이에 지었다고 함) 등 사원들이 산재해 있다.

코믹Komic 마을에 있는 사원은 자동차로 갈 수 있는 사원 중 세계에서 가장 높은 곳에 위치한다. 요새처럼 생긴 이 사원은 아찔한 해발 4,500미터에 자리하며, 내부는 풍부한 색채로 칠해져 있다.

아마 가장 기묘한 사원은 게Gue에 있는 사원일 것이다. 1975년에 지진이 발생한 후, 이 사원에서 상하 텐진Sangha Tenzin이라는 수도승이 미라 상태로 발견되었다.

텐진은 약 5백 년 전의 수도승으로, 방부 처리 없이 명상과 전략적인 식사, 단식을 통해 자기 몸을 보존하여 스스로를 미라로 만든 것으로 추정된다. 오늘날까지도 그는 유리 상자 안에 똑바로 앉아 있으며, 이는 하얗게 빛나고 피부도 분해되지 않은 채 그대로다. 그뿐만 아니라 머리카락과 손톱이 계속해서 자라고 있다고 한다.

정말 믿기 어려운 이야기지만, 여러 신들이 존재하고 야크와

눈표범이 서식하며, 윤장대(輪藏臺, 기도나 명상 때 돌리는 회전식 경전-역주)를 돌리며 수도승들이 불경을 암송하는 소리가 바람에 실려 들려오는 이 계곡에서는 어떤 일이든 일어날 수 있을 것 같다.

장소 대한민국 강화도
특징 건국 신화와 깊은 연관이 있는 신성한 산

마니산
摩尼山

천국에 가까이 가보면 이런 모습이지 않을까 싶다. 마니산의 정상에 오르면 세상의 왕이 된 듯한 느낌이다. 여기에서부터 용의 등처럼 구불구불한 산등성이 위로 경관이 펼쳐진다. 다양한 색조를 띤 녹색의 벼가 자라는 논과 인삼밭이 있고 산재한 작은 섬들이 낮게 펼쳐져 있다. 육지 쪽을 보면 안개 속에서 솟아오른 도시의 스카이라인이 보인다. 그리고 희미하게 반짝이는 서해 위로 멀리 수평선이 보인다.

마니산은 신성한 산이다. 영혼과 이야기하며 도움을 청하고 용서를 구하며 이 나라의 시조와 교감하는 곳이다.

마니산은 해발 472미터로, 그렇게 높지 않다. 대한민국에서

네 번째로 큰 섬이고 한강 하구에 자리한 강화도에서는 가장 높다. 강화도는 하나의 좁은 해협을 사이에 두고 역동적인 수도 서울, 비행기가 뜨고 내리는 인천 공항, 대한민국과 대치하고 있는 북한의 남서 해안선과 분리된다. 사실 이 섬은 한국과 북한, 두 나라의 이음매에 있다. 한반도의 건국 신화와 관련 있는 장소로 적절한 위치다.

신화에 따르면 이 모든 것은 천제(天帝, 한국의 민간신앙에서 하느님의 개념) 환인으로부터 시작되었다. 환인에게는 환웅이라는 아들이 있었는데, 그는 인간 세상을 다스리고 싶어했다. 환인은 이를 허락해주었고, 환웅과 그를 따르는 3천 명이 하늘에서 태백산(지금의 백두산)에 있는 신단수 아래로 내려왔다. 환웅은 그곳에 신시神市를 세웠고, 구름과 바람, 비를 관장하는 신하들과 함께 인간 세상을 다스렸다.

이때 신단수 근처의 동굴에는 호랑이 한 마리와 곰 한 마리가 살고 있었다. 그 둘은 매일 환웅에게 제물을 바치며 사람이 되게 해달라고 빌었다. 이에 환웅은 백일 동안 동굴 안에서 그가 주는 음식(마늘과 쑥)만 먹고 지내면 소원을 들어주겠다고 했다. 호랑이는 얼마 못 가 포기했지만 곰은 끝까지 버텼고 마침내 여자인 웅녀로 변했다.

웅녀는 얼마 후 아이를 갖게 해 달라고 신단수 밑에서 빌었다. 이번에도 그녀의 간절한 기도에 감동한 환웅은 그녀를 아내로 맞았고 둘 사이에 단군왕검이라는 아들이 태어났다.

단군왕검은 기원전 2333년 고조선을 세웠고, 그 후 요동과 한반도 서북부를 지배했다. 단군왕검은 1,500년 동안 나라를 다스렸다고 하는데, 통치하는 동안 마니산 꼭대기에 제단을 만들고 하늘에 제사를 지냈다.

한국의 전통 신화에서 모든 산은 신성하다. 산에는 신령이 살며, 산에서 느껴지는 고요함과 웅장함은 영적 명상을 자극하는 데 더할 나위 없이 좋다고 여겨진다. 한반도에서 가장 중요한 산은 북한에 있는 백두산(환웅이 처음 내려온 산)이라고 평가되지만, 정치적 상황 때문에 백두산에 가기가 힘들어졌다. 마니산과 백두산은 '기'(에너지)가 아주 강한 산이다.

오늘날 마니산의 등산로는 완만한 단군로와 가파른 계단로 등 4코스가 있다. 모두 최종 목적지는 4,000년 전에 단군이 만들었다고 여겨지는 참성단塹星壇이다. 자연석으로 만들어진 참성단은 둥근 아랫단과 각진 윗단, 단의 동쪽으로 오르는 돌계단이 있는 이층 구조로 되어 있다.

그 옆에는 유명한 소사나무 한 그루가 있다. 단군 이후로는 고구려, 백제, 신라 삼국의 왕들 역시 이곳에 와서 제사를 지냈다고 한다. 현대에도 매년 10월 3일 개천절에 참성단에서 제천

행사가 행해진다. 또한 전국체전의 성화가 칠선녀들에 의해 이곳에서 채화된다.

산행 도중에 마니산의 측면에 있는 전등사에 들를 생각이라면 다른 날에 가는 것이 더 평온할 것이다. 아주 오래전에 세워진 이 사찰은 단군의 세 아들이 쌓았다고 하는 삼랑성(정족산성) 안에 있다. 전등사는 템플 스테이 프로그램을 운영하는 절이기 때문에 여기에서 하룻밤 지낼 수 있다. 마니산의 독특한 기氣를 흠뻑 느껴보고 가장 신성한 산에서 일출을 볼 수 있는 기회를 가질 수 있다.

장소 호주, 서호주주

특징 사막 위에 솟은 바위들. 공상과학 영화에 나올 것 같
은 경관이며, 그 기원은 잘 알려지지 않았음.

피너클스 사막
THE PINNACLES
DESERT

17세기 중반에 유럽의 항해사들이 배의
갑판에서 육지 쪽을 훑어보다가 샛노란
사막 위로 솟아오른 이 지형을 처음 목
격했다. 그들은 폐허가 된 고대 도시를 발견했다고 생각했지만
아니었다. 이 지형은 그렇게 간단하게 설명되지 않는다.

이 장소는 대자연이 공들여 만든 걸작으로 지질학적으로 이
상 지형이다. 이곳에 많은 석회석들이 보초를 서듯 숨어 있다.
묘비 크기인 것도 있고, 예배당 크기인 것도 있다. 떼를 지어 옹
기종기 모여 있기도 하고 골짜기를 따라 한 줄로 늘어서 있기도
하다. 그 주변으로는 바닷바람에 따라 위치가 변하는 모래언덕,
와틀(wattle, 아카시아의 일종으로 호주의 국화 ─ 역주)과 패럿부시

Parrotbush가 있고, 갈라코카투 앵무새와 회색 캥거루가 뜨거운 태양 아래에서 일광욕을 하고 있다. 골화된 숲처럼 보이기도 하고 죽음의 땅 같기도 하다.

피너클스 사막은 퍼스Perth에서 북쪽으로 꽤 멀리 떨어진 남붕 국립공원Nambung National Park 안에 있으며 일반적인 사막과 많이 다르다. 이곳은 지구가 아닌 외계의 풍경처럼 보인다. 공상과학 영화 속 같기도 하고, 살바도르 달리의 그림 같기도 한 것이 매우 낯설다. 수많은 암석 조각과 암괴, 기둥이 손바닥만한 것부터 높이 4미터에 달하는 큰 것까지 다양한 크기로 있는데, 인도양 해안에서 자라난 것처럼 보인다.

이것들이 어떻게 생성되었는지 그 기원은 정확하게 알려지지 않아 미스터리다. 한 가지 암시는 작은 뾰족탑들이 석회석이 풍부한 모래로 형성된 것이고, 육지에 휩쓸려온 산호와 조개껍데기 가루를 함유하고 있다는 것이다. 이를 토대로 가설을 만들자면 이렇다.

오랜 시간에 걸친 복잡한 과정을 통해, 용해된 석회석 기부 위로 딱딱한 염류피각(탄산염에 의해 모래, 실트, 자갈, 점토 등이 결합된 집성괴로 건조 지역에서 흔히 볼 수 있음-역주) 뚜껑이 발달했고, 그 사이에 생긴 갈라진 틈 사이로 식물이 뿌리를 내렸다. 그 후 이런 틈을 더 단단한 규사가 채우고, 수천 년에 걸쳐 다른

모든 것(모래, 식물, 연질의 암석)이 침식을 당하면, 작은 뾰족탑들만 남게 된다.

또 다른 가설은 이런 뾰족탑들이 수십만 년 전에 모래에 파묻힌 투아트(tuart, 유칼리나무의 일종-역주)가 침출되고 석회화된 잔해라는 것이다. 그러나 다른 가설에서는 식물 뿌리 주변에 고농도의 칼슘이 쌓이고 굳어진 결과로 형성된 것이라고 판단한다.

이 지형이 미스터리인 이유 중에는 그 형성 배경 설명이 상대적으로 부족하다는 점도 일부 있다. 피너클스 사막은 1960년대 말까지 상대적으로 알려지지 않았고 보고되지 않은 상태였다. 심지어 호주 원주민 문화에서도 마찬가지였다. 이 땅에서 4만 년 이상 살아온 호주 원주민들은 대부분의 큰 암석이나 눈에 띄는 자연지물에 그 생성에 대한 이야기를 붙인다.

그러나 유럽인들이 정착할 당시 이 지역에서 생활하던 원주민 사회에서는 이 괴암기석들에 연관된 이야기가 거의 없었다. 아마 이 작은 뾰족탑들이 모습을 보였다가도 이동하는 모래에 다시 묻히면서 자주 변하고, 역사에서 특정 시점에만 나타났기 때문이었던 것 같다.

그렇긴 하지만 원주민들이 이곳에 왔었던 것은 분명하다. 야영했던 흔적과 조개더미, 의식을 거행했던 잔재가 발견되었는

데 적어도 6,000년 전의 것으로 판단되기 때문이다. 반유목을 했던 원주민들은 필수 자원인 물이 있었던 계절에 이 지역에 모였을 것이다.

남붕Nambung은 '구부러진 강이 있는 땅'이라는 뜻이다. 이 지명은 '꿈의 시대(Dreamtime, 호주의 신화에 나오는 꿈의 시대-역주)' 이후로 일련의 샘들이 끊임없이 경로를 바꾸어 흐르면서 고대의 동굴과 싱크홀들을 만들어낸 것과 연관이 있다.

원주민들은 그런 지하 동굴이 신화 속 동물인 와질wagyl과 연관이 있다고 믿는다. 와질은 현재 퍼스 주변의 많은 수로와 지형을 만들었다고 하는 뱀처럼 생긴 동물로, 이 수로들을 이용하여 바다로 이동한다고 한다.

그 밖에 몇 가지 전해지는 이야기가 있다. 원주민 눙가Noon-gar족은 피너클스를 웨레니티 데블 플레이스Werinitj Devil Place라고 불렀다. 이곳은 식량 구하기, 의식 치르기, 출산하기 등과 같은 '여성의 임무'를 하는 신성한 장소로 여겨졌다. 이 때문에 남성은 이곳에 들어가지 못하게 되어 있었다.

하지만 일부 남성은 이를 어기고 그곳에 들어갔고, 그에 대한 처벌로 생매장되었다. 그들은 고통 속에서 죽어가며 창을 들어 올리거나 손가락으로 위쪽을 움켜잡았다. 그리고 그것이 그대로 모래 밖으로 튀어나왔다는 설이다.

또 다른 전설에서는 두 부족이 전투를 벌였고, 죽은 시체들에서 피너클스가 생성된 것이라고 한다. 눙가족에게는 이 뾰족탑들이 석화된 삼림이나 암석이 아니고 화석화된 영혼으로 생각된 것이다.

장소 미크로네시아 폰페이(Pohnpei)섬

특징 암초가 균형을 이루는 태평양 섬에 있는 도시, 전설 과 러브크래프트의 소설에 영감을 줌.

난마돌
NAN MADOL

난마돌은 '태평양의 베네치아'라고 불린다. 베네치아처럼 정교하고 오래되었으며 운하가 많기 때문이다. 하지만 거의 알려지지 않은 이 도시는 여간해서는 갈 수 없을 정도로 이탈리아에서 멀리 떨어져 있으며, 지구 반대편에 있는 가장 넓은 바다에서 불안정하게 떠다니는 잃어버린 섬에 자리 잡고 있다. 그러나 한때 수 세기 동안 강력한 왕조의 지배하에 향유되던 고도로 세련된 문명에서 인류의 걸작품이 탄생했다. 현재는 깊은 바닷속으로 헛되이 버려졌지만 말이다.

미크로네시아 연방공화국의 외딴 섬 폰페이 앞바다에는 난마돌이라는 고대 요새가 있다. 흔히 베네치아에 비유되지만, 이

곳은 베네치아와 전혀 다르다. 난마돌은 암초 위에 건설된 유일한 도시이자 태평양에 있는 고대 건축물의 자취 중에서 가장 큰 규모다. 그 안에는 거대한 표석으로 이루어진 인공 섬이 백 개 가까이 있으며, 기둥 모양의 현무암과 산호 울타리가 높이 세워져 있었다. 이 섬들은 운하에 의해 분리되었으며 두꺼운 방파제에 둘러싸여 있다. 전체 길이는 약 1.5킬로미터, 너비는 약 500미터다. 전성기에는 천 명이 넘는 주민이 살았다.

난마돌은 수로망 '사이의 공간'이라는 뜻이다. 전통적인 이름은 '천국의 암초'라는 뜻인 소운난룽Soun Nan-leng이었다. 아마 독재자가 다스린다고 알려진 도시의 이름으로는 이상한 선택이었을 것이다. 난마돌의 정확한 건설 시기에 대해서는 알려지지 않았지만(대략 서기 5~11세기로 추정된다), 번성했던 때는 사우델레우르Saudeleur 왕조 때였다.

이 왕조는 폰페이섬 최초의 조직적인 통치집단으로, 1100년경부터 1600년대 중반까지 존재했다. 사우델레우르 왕조의 지도자들은 이 떠 있는 도시를 정치 및 정신적 기반으로 이용했다. 이 왕조의 일부 섬은 의식 거행용으로, 또 일부는 상업과 주거용으로 이용했고, 방파제 섬은 매장지가 되었다.

사우델레우르는 지역의 추장들에게 다스리던 마을을 떠나 감시가 용이한 난마돌로 이주하라고 강요했다. 그리고 하층 계급은 난마돌로 이주한 추장들에게 식량을 바쳐야 했다. 난마돌에는 경작지가 없었기 때문이다.

약간 비현실적이긴 하지만, 이 도시는 정말 대단했다. 그 거대한 바위(약 50톤)를 이 특정한 곳으로 왜, 어떻게 운송했는지는 여전히 미스터리다. 남아 있는 서면 기록도, 그림문자도 없다. 맹그로브가 웃자란 가운데, 장어와 거북에게 조금씩 물어뜯기며 청록색 바다로 무너져 내리고 있는 턱없이 큰 폐허 도시가 있을 뿐이다.

폰페이섬에 전해 내려오는 이야기들에 따르면 난마돌의 건설은 그리 어렵지 않았다고 한다. 신화의 서카타우(Western Katau, 다운윈드) 출신의 쌍둥이 마법사 올리시파Olisihpa와 올로소파Olosohpa가 농업의 신 나니손 사흐푸Nahnisohn Sahpw에게 제사를 지낼 제단을 만들 장소를 찾아 카누를 타고 폰페이섬으로 왔다고 한다. 이들은 하늘을 나는 용의 도움을 받아 거대한 돌들을 공중에 띄워서 난마돌에 제단을 만들었다.

올리시파가 죽은 뒤 올로소파는 제1대 사우델레우르가 되었다. 결국 이 왕조는 반半신성적인, 또는 반인반신적인 이소켈레켈Isokelekel과 그를 추종하는 동카타우(East Katau, 업윈드) 출신의 전사 333명에게 통치권을 빼앗겼다. 이들은 현재도 존재하는 난마르키Nahnmwarki라는 부족장 체제를 만들었다. 그러나 난

마돌 자체는 19세기 초에 텅 비게 되었다.

현재 난마돌은 정글에 잠식당하고 열과 습기, 폭풍에 시달린 텅 빈 껍데기 형태로 남아 있다. 어렵지만 일단 폰페이섬에 가기만 한다면, 난마돌에 가는 가장 좋은 방법은 배를 타는 것이다.

난마돌 단지는 넓은데, 어디에나 구조물이 쌓인 환초가 있다. 이 구조물은 독특한 '짧은마구리면-긴마구리면' 조적 기술을 이용하여 건설된 것이다. 가장 인상적인 것은 왕실의 장지인 난두와Nan Douwas섬의 우뚝 솟은 벽이다. 이 벽은 제1대 사우델레우르의 무덤이 있는 안뜰을 지키고 있다.

이곳은 기묘하고 어딘가 섬뜩한 장소다. 실제로 판타지 작가 러브크래프트H.P. Lovecraft는 이곳에서 영감을 받아 단편소설《크툴루의 부름》에 나오는 가상의 가라앉은 대도시 리예(R'Lyeh: 르리예라고도 함-역주)를 만들었다. 현대의 폰페이섬 사람들은 여전히 미신과 두려움이 섞인 시선으로 난마돌을 본다.

장소 캐나다 앨버타(Alberta)주
특징 바퀴 모양으로 놓인 수수께끼 같은 환상열석. 대평원에 있는 영성의 중심지.

메이저빌 메디슨 휠

MAJORVILLE
MEDICINE WHEEL

황량하고 외진 언덕의 꼭대기, 뒤쥐만 허둥지둥 지나가는 곳에 수 킬로미터에 걸쳐 있는 메이저빌 메디슨 휠은 거친 치누크 바람을 그대로 맞고 있다. 언뜻 보면 별 볼 일 없어 보인다. 일반인의 눈에는 그저 황금빛 초원에 아무렇게나 흩어져 있던 돌들이 광대한 하늘에 휩싸인 뒤 다시 땅속으로 들어가는 것처럼 보인다.

그러나 다시 잘 보라. 풀의 속삭임을 들어보라. 세월의 무게를 느껴보라. 사람들에게 쉽게 잊혔지만, 이 '돌무지'는 지난 5천 년 동안 계속 사용되어 온, 세계에서 가장 오래된 종교 기념물이기 때문이다.

북미 전역에 남아 있는 '메디슨 휠'은 100~200개 정도인 것으로 추정되는데, 대부분 캐나다의 앨버타Alberta주 남부와 서스캐처원Saskatchewan주에서 발견된다. 호기심을 끄는 이 구조물은 환상열석의 일종으로 북미 대륙의 원주민들이 수천 년에 걸쳐서 만든 것이다.

크기와 양식은 다양하지만, 몇 가지 공통된 주요 특징이 있다. 먼저 모든 메디슨 휠의 가운데에는 케른(cairn, 원추형 돌무덤)이 있다. 그리고 한 개 이상의 동심 환상열석과 중심에서 방사형으로 뻗어나가는 돌무지 선이 두 개 이상 있다. 그러나 이런 특징들로 메디슨 휠이 만들어진 방법을 설명할 수는 있어도 그 이유는 설명하지 못한다. 그리고 그에 대한 가설들은 천문학적인 것부터 외계와 관련된 것까지 다양하다.

메이저빌 메디슨 휠은 캐나다의 공식 사적지로 등재되어 있는데, 원주민인 시크시카(블랙풋)족에게는 이니스킴 우마피Iniskim Umaapi로 알려져 있다. 메이저빌 메디슨 휠은 앨버타주 남부에 있는 보강Bow River 서쪽의 구릉성 초원 지대에 펼쳐져 있으며, 현존한다고 알려진 이런 종류의 구조물 중에서 가장 큰 규모이고 복잡하다. 중심에 있는 케른의 지름은 약 9미터이고 바깥쪽 고리의 지름은 거의 30미터에 달한다. 그리고 28개의 돌무지 선이 '바큇살'처럼 뻗어나가 두 원을 연결한다.

또한 메이저빌 메디슨 휠은 가장 오래된 휠로 여겨진다. 이 곳에서 발견된 유물의 연대는 기원전 3000년경으로, 스톤헨지 보다 조금 더 오래된 것으로 보이기 때문이다. 이 휠이 있는 주변의 대초원에는 원뿔형의 티피tepee 자리가 수없이 많은데, 이는 오랜 시간 동안 이곳에서 반복적으로 모인 공동체가 있었다는 증거다.

역사적으로 시크시카족은 생존에 필요한 들소 무리를 따라 다니며 들소 사냥 여부에 따라 전사이기도 했고 사냥꾼이기도 했다. 그들의 문화는 구전으로 전해 내려왔다. 거기에는 부족의 기원에 대한 이야기도 있다. 시크시카족에 따르면, 나피(N'api, 창조주)는 생명의 시작이자 빛의 화신이었다. 따라서 태양의 춤 (참가자가 용기를 입증하기 위해 고통을 극복해야 하는 의식)은 가장 중요한 영적 의식이었다.

메이저빌은 비전 퀘스트(vision quests, 북미 인디언 부족의 남성 들이 영계와의 교류를 구하는 의식-역주), 땀 빼는 의식, 조상 숭배 의식뿐만 아니라 태양의 춤 같은 전통 의식에 사용되었을 수 있다. 메이저빌 휠 아래에 있는 기반암의 노출된 부위와 가운데 케른의 구덩이 부위에서 이니스킴(iniskim, '들소를 부르는 바위', 주술의 힘이 스며든 것으로 여겨짐)의 몇 가지 견본이 확인되었기 때문이다. 따라서 들소에 많이 의존하는 시크시카족의 의식에

신화가 좋다 여행이 좋다

서는 이 부족이 숭배하는 들소 토템이 필수 요소였다.

그 외에 다른 가설도 많다. 메디슨 휠은 언제나 주변에서 가장 높은 산의 꼭대기에 위치한다. 그래야 모든 방향으로 시야를 방해받지 않기 때문이다.

메디슨 휠은 항해나 영토 표시의 보조기구였을지도 모른다. 또 배열된 돌이 별자리와 하지, 동지에 맞추어져 있는 것으로 보아 일종의 천문대 또는 '태양 사원'이었을 수도 있다. 평원에 펼쳐진 태양력처럼 말이다. 물론 그런 신비로운 지상화는 외계인을 위한 착륙 지점이 분명하다고 생각하는 사람들도 있다.

퍼스트 네이션(First Nations, 북미 원주민의 하나－역주)의 사람들과 함께 최근에는 다양한 영적 성향의 사람들이 메이저빌 메디슨 휠을 이용한다. 멀리 캘거리부터 남동쪽을 향해 험하고 헷갈리는 길을 운전해서 이 외딴 장소에 오면, 옥수수와 향모(단맛이 나는 사료용 풀－역주), 세이지, 천 조각과 밧줄 등 바위들 사이에 남겨진 제물을 보게 될 가능성이 높다.

이 휠의 본래 목적과 이곳에서 거행된 최초의 의식에 대해서는 여전히 알려지지 않았다. 하지만 그렇다 해도, 오늘날에도 계속해서 구원, 위안, 유대감 등을 찾는 이들은 이 휠에서 원하는 것을 얻을 수 있다.

장소 미국 조지아주 서배너(Savannah)

특징 삶과 죽음이 있는 아름다운 묘지

보나벤처 묘지
BONAVENTURE
CEMETERY

참나무가 늘어선 거리에 강한 남풍이 불면, 나무 위에서 늘어져 내려온 수염 틸란드시아는 유령이 커튼을 연 것처럼 둘로 갈라진다. 꽃잎이 팔락이는 동백꽃과 활짝 핀 진달래 사이로 다람쥐가 바쁘게 돌아다닌다. 공기는 탁하고, 늪지대는 후텁지근하다. 까마귀의 까악까악 우는 소리와 새들의 지저귐이 들리고, 모기떼와 무는 벌레는 윙윙대며 성가시게 괴롭힌다.

그 정도면 미칠 지경이 된다. 대부분의 거주자가 이미 그런 고문이 미치지 않는 곳에 있지 않다면 말이다. 왜냐하면 이 자연의 대성당은 죽은 자들의 세계이고, 위인과 선한 사람, 노인, 불운한 사람이 안치된 아름다운 강변의 매장지이기 때문이다.

신화가 좋다 여행이 좋다

꽃이 피고 영광을 노래하는 속에서 삶이 계속되는 동안, 그들은 이곳 무덤 아래에 조용히 잠들어 있다.

보나벤처 묘지는 조지아Georgia주의 멋진 도시 서배너의 외곽, 윌밍턴Wilmington 강가에 자리하고 있다. 이곳에는 수백 개의 무덤이 있는데, 묻힌 사람은 무덤 수보다 훨씬 많다. 1867년에 박물학자 존 뮤어John Muir가 인디애나주에서 멕시코만까지 1,600킬로미터를 걸어갔을 때, 이곳의 묘비들 사이에서 잠을 잔 적이 있었다. 그때 그는 이곳을 "경외심을 갖고 쳐다보았다"라며 다음과 같이 기록했다.

"장소 전체가 마치 삶의 중심처럼 보인다. 그곳을 지배하는 존재가 죽은 자들만은 아니다."

뮤어는 섬세하게 조각된 조각상과 웅대한 오벨리스크, 담쟁이덩굴로 뒤덮인 지하실, 낭만적인 묘석을 보았다. 한편 그는 "수정처럼 반짝이는" 스파클베리(야생 베리의 일종-역주) 덤불, "온갖 종류의 기분 좋은 곤충들… 스포츠의 아주 열렬한 기쁨", "꽃의 내밀한 즐거움, 평온하고 동요하지 않는 참나무의 위엄"을 즐겼다. 그렇게 그는 그 밤을 보냈다. 이 근처를 돌아다니는 유령이 많다고 하는데, 그가 떠돌이 유령들 때문에 고생한 일은 없었다.

이 묘지의 역사는 1760년대 초부터 시작된다. 당시 영국의 존 멀린John Mullryne 대령은 새 식민지 조지아에서 토지를 구입했다. 그는 자신의 대농장을 보나벤처('행운'이라는 뜻)라고 불렀다. 그리고 강이 내려다보이는 절벽에 집을 짓고('세인트오거스틴 크릭'이라는 이름을 붙였다), 저택까지 이어지는 길에 큰 참나무들을 죽 심었다. 그의 가족은 왕당파였기 때문에 독립전쟁 중에도 여전히 영국 정부를 열렬히 지지했다.

1776년에 멀린과 그의 사위 조시아 태트널Josiah Tattnall은 서배너에서 도망치기 전에 제임스 라이트James Wright 총독이 보나벤처를 통해 탈출하도록 도왔다. 그 후 1779년 서배너 공방전이 벌어지는 동안 보나벤처는 야전병원으로 사용되었다. 프랑스군과 아이티군 병사들은 이곳에서 치료를 받았고 사망하면 아무 표시 없이 매장되었던 것 같다.

전쟁이 끝난 후 보나벤처는 정부에 몰수되었지만, 1785년에 태트널의 아들인 조시아 주니어(훗날 조지아 주지사)가 다시 매입했다. 그는 보나벤처에 최초의 묘지를 만들었고, 1802년에 그의 아내 해리엇이 성인으로서는 처음으로 이곳에 묻혔다. 조시아는 일 년 후 바하마에서 사망했고, 그의 시신은 가족 묘지로 돌아왔다.

19세기 중반까지 보나벤처의 참나무 길은 웅장해졌지만, 대농장은 그 가치보다 골치 아픈 일이 더 많아지고 있었다. 1846

신화가 좋다 여행이 좋다

년에 대저택이 불에 다 타버리자 태트널 가문은 보나벤처를 서배너의 호텔리어 피터 윌트버거Peter Wiltberger에게 매각했다.

윌트버거에게는 다른 계획이 있었다. 당시 교회 묘지에는 매장지가 부족했기 때문에 부자들은 죽음을 추모하기 위해 보다 아름답고 목가적이며 위생적인 장지를 찾기 시작했다. 그런 까닭에 멋진 나무가 있고 도시 외곽에 자리한 아름다운 보나벤처는 '에버그린 묘지'가 되었다. 전통적인 빅토리아 양식의 묘지인 이곳은 깨끗한 길이 깔리고, 가족들이 소풍을 즐길 수 있는 잔디밭과 함께 관목과 나무들로 단장되었다.

이곳은 백인 엘리트들이 사랑하는 고인을 위한 기념물을 세우고 도시민들이 세련된 조각물과 아름다운 자연을 감상하는 장소가 되었다. 1907년에 에버그린은 서배너 시 정부에게 소유권이 넘어가 공공 묘지가 되었고 보나벤처라는 이름을 되찾았다. 여러 해 동안 묘지에는 지역의 고위 관리, 독립전쟁과 남북전쟁에 참전했던 퇴역 군인, 나치 희생자, 어린아이, 여배우, 주교, 계관시인인 콘래드 에이킨Conrad Aiken 등이 묻혔다.

현재 보나벤처는 현실과 가짜소설(pseudo-fiction, 소설과 비슷하지만 소설의 기본 요소가 없는 글-역주)의 영적, 초자연적, 쇼비즈니스 영역에서 등장한다. 존 베렌트John Berendt의 베스트셀러《미드나잇 가든 *Midnight in the Garden of Good and Evil*》의 표지와 클린트 이스트우드가 제작한 같은 제목의 영화에 나온 이후로 방문 객 수가 급증했다. 또한 유령 관광은 묘비들 사이에서 이야기를 엮어내기에 적당하다.

가장 악명 높은 유령은 리틀 그레이시Little Gracie다. 그녀는 1889년 불과 여섯 살에 폐렴으로 사망했지만 실제 크기의 천 사 같은 대리석 조각상으로 영원히 살아 있다. 이 조각상은 그 근처에 묻힌 존 왈츠John Walz의 작품인데, 눈물을 흘리며 울기 도 하고 살아 있는 것처럼 보이기도 한다고 전해졌고 무덤 주변 에서 백인 소녀가 노는 모습이 보였다는 보고도 여러 차례 있었 다. 그 밖에 아기 무덤 근처에서 들리는 울음소리, 얼굴 표정이 바뀌는 천사상, 좋아하는 사람에게는 미소를 짓고 싫어하는 사 람에게는 무서운 얼굴을 하는 여성 조각상 등 해명이 되지 않는 현상들이 있다.

또한 시내너 출신으로 오스카상과 그래미상을 수상한 작사 가인 조니 머서Johnny Mercer도 보나벤처에 잠들어 있다. 귀를 잘 기울여보면 그의 무덤 위로 떠도는 '문 리버'(영화 〈티파니에서 아 침을〉의 주제가로, 조니 머서는 이 곡으로 오스카상과 그래미상을 수상 함-역주)의 부드러운 가락이 들린다는 생각이 들지도 모른다.

사람들은 유령 이야기에 호기심을 갖는다. 하시만 보나벤처 에는 그 분위기를 조성하기 위한 허깨비가 필요하지 않다. 이곳은 신앙과 자연, 삶과 죽음이 아이비처럼 얽힌 특별한 장소다. 천상의 이끼, 봄에 활짝 피는 진달래, 멋진 무덤, 오래전에 떠난 고인에 대한 기억 등 방문 이유가 무엇이든 이곳에 갈 때는 감탄하고 경의를 표해야 한다.

장소 미국 캘리포니아
특징 자연의 에너지에 맞추어 진동하는 전설의 산

섀스타산
MOUNT SHASTA

에베레스트산의 절반 정도 높이인 섀스타산은 미국에서, 아니 캘리포니아주에서도 가장 높은 산은 아니다. 그러나 이 산에는 무언가가 있다. 평원에서 아주 도도하게, 아주 특이하게 솟아오른 것이 위태롭게 아름답다. 이 산은 지질학적으로 엄청나고 거대한 자연의 신전으로, 수천 년 동안 이 산을 사랑하는 사람들이 와서 고개를 숙였다. 많은 이야기가 산 정상 주변을 구름처럼 맴돌다가 산속으로 깊게 숨어 버린다.

온갖 신앙인과 쉽게 믿어버리는 사람들은 이곳에서 갈망하는 것이 무엇이든 그것을 찾는다고 알려져 왔디. 이 산은 흔들리지 않고 관망한다. 우선은….

캘리포니아 북부에서 캐나다의 브리티시컬럼비아British Columbia로 뻗은 눈 덮인 캐스케이드Cascade산맥의 남단에 위치한 해발 4,317미터의 섀스타산은 세계에서 큰 것으로 손꼽히는 성층화산(폭발 분화와 용암류가 흘러내리는 분화가 번갈아 일어나 화산쇄설물층과 용암류층이 교대로 쌓인 화산. 백두산과 후지산이 유명함—역주) 중 하나다. 현재는 활동을 멈추었는데, 사화산이라기보다는 휴화산이다. 마지막 폭발은 약 200년 전에 있었다. 이 화산이 다시 폭발할 경우 그 충격과 영향은 대단할 것이다.

그러나 이 산에서 약동하는 것이 화산의 에너지만은 아니다. 섀스타산은 한층 영적인 차원에서 약동하는 것으로 보인다. 실제로 이곳을 찾는 많은 사람이 부름을 받았다고 말한다. 마치 섀스타가 산이 아니라 자석인 것처럼 말이다. 온갖 신앙과 교단의 순례자들, 특히 '신성한 장소'를 찾는 사람들이 이곳을 찾는다. 팬터 메도우Panther Meadows, 버니 폭포Burney Falls, 하트 호수Heart Lake로 가는 길에서는 훨씬 큰 맥동脈動이 발산된다고 한다.

이곳은 새로 나타난 곳이 아니다. 아메리카 원주민이 이 지역에서 적어도 1만 1,000년 동안 거주해왔다고 한다. 이 화산 주변에 섀스타족, 윈투족, 아푸마위족, 아츠게위족, 모도크족의 땅이 있는데, 이 화산은 이 부족들 모두에게 큰 의미가 있다.

섀스타족의 전설에 따르면, 부족과 이름이 같은 이 산은 하

늘의 노인이 땅을 창조한 후 처음으로 서 있었던 장소라고 한
다. 노인은 세상을 너무 편평하게 만들어서 사실 발을 내디딜
곳이 없었다. 그래서 하늘에 구멍을 내고, 그 구멍으로 매우 많
은 얼음과 눈을 밀어 넣어 거대한 얼음 더미를 만들었다. 그다
음에 구름을 돌계단 삼아 내려와 마지막으로 크게 한 걸음 떼어
새로 만든 산에 섰다. 그는 여기에서부터 나무와 시냇물, 새와
동물을 만들었다. 그중에는 회색곰도 있었다.

그러나 그는 이 회색곰이 너무 무서워서 산꼭대기를 도려내
어 티피를 만들고 그 안에 틀어박혔다. 그가 그 안에서 피운 불
에서 나온 연기가 티피 꼭대기에서 뿜어져 나왔다. 그리고 이곳
에 백인들이 오자 하늘의 노인은 떠났고 티피(섀스타산)에서는
더 이상 연기가 나오지 않았다고 한다.

이 외에도 이 산에 얽힌 전설들이 있다. 1930년대에 자칭 승
천마스터(Ascended Master, 윤회를 극복한 계몽적 존재)의 목격담
이 나오며 완전히 새롭고 다소 논란의 여지가 있는 종교 운동에
불을 붙였다.

그리고 텔로스Telos의 전설이 있다. 텔로스는 산속에 있는 크
리스털 도시로, 아틀란티스와 비슷하게 태평양에서 사라진 레
무리아Lemuria 대륙과 관계가 있다. 레무리아가 가라앉자 거기
에서 거주하던 5차원 거주자들이 섀스타산의 성소로 도망쳐서

계속 거기에서 살았다고 한다. 가끔 섀스타산의 정상에 생기는 접시처럼 생긴 렌즈 모양의 구름 때문에, 이 산의 초자연적 작용을 믿는 신봉자들은 믿음을 버리지 못한다.

이것은 신지학神智學일까, 음모일까? 아니면 아무것도 아닐까? 섀스타산의 남다른 분위기는 어떤 특정 믿음을 갖고 찾아오는 사람들에게 좌우되지 않는다. 마운트섀스타시에서는 크리스털로 호객행위를 하는 뉴에이지 상점과 아웃도어 판매점에서 열광적으로 상품을 구입하는 사람들을 볼 수 있기 때문이다.

하지만 그렇지 않다. 섀스타산 자체가 힘이다. 산 정상은 출입이 금지되어 있으며 소수의 사람만 올라갈 수 있다. 아메리카 원주민들은 정상부의 힘이 너무 세기 때문에 수목한계선 이상으로는 주술사만 올라가야 한다고 믿는다. 사실 정상 등반은 전문 등산가가 아니면 오르기 힘들 정도로 까다로운 코스다. 그러나 높지 않은 곳에는 이끼 낀 오래된 삼나무, 샘물이 흐르는 초원, 고지에 있는 호수, 저마다 마법을 만들어내는 안개 낀 듯한 폭포들 사이로 많은 등산로가 나 있다.

장소 멕시코 멕시코주
특징 아즈텍 전사들이 훈련을 받은 공식 '마법의 마을'

말리날코
MALINALCO

말리날코는 멕시코의 동화에 나오는 마을 같다. 푸에블로(Pueblo, 아메리카 원주민들이 돌과 벽돌로 만든 부락-역주)를 찍은 스냅사진은 얼마나 완벽한지 마치 컬러 꿈에서 나온 것 같다. 아열대숲에 화관처럼 있는 절벽에 둘러싸인 이 마을은 세상으로부터 숨겨진 곳에 자리한다.

테라코타 타일을 붙이고 무지개색으로 칠한 어도비 벽돌집, 멋진 광장, 깔끔한 자갈길, 만발한 꽃과 주렁주렁 매달린 과일은 식민지 풍경의 정수다. 무거운 짐을 진 당나귀가 여전히 다가닥다가닥 소리를 내며 길을 내려가고, 진흙으로 만든 오븐에서는 말랑말랑한 갓 구운 빵에서 느껴지는 기쁨이 묻어난다.

노점에서는 종이에 싼 튀긴 송어와 김이 모락모락 나는 타말리(tamale, 옥수수 반죽 사이에 여러 가지 재료를 넣고 익힌 멕시코 요리-역주), 사워숍(soursop, 약간 신맛이 나는 열대 아메리카 원산의 열매-역주) 셔벗, 멕시코 전통주인 메스칼Mezcal을 판다. 장인들은 돌아다니면서 바구니와 밝은 알레브리헤(alebrije, 공상 속 동물을 화려하게 조각한 작은 조각상)를 판매한다. 사실 이런 풍경 전체가 환상과 현실이 뒤섞인 것처럼 보인다. 그러나 마법의 여신이 직접 자기 집을 만들었다고 하는 이 작은 '마법의 마을'에서는 이런 일이 별로 놀랍지 않다.

수도인 멕시코시티에서 남서쪽에 있는 말리날코는 자동차로 두 시간 정도만 가면 되는 가까운 거리에 있지만, 실제 느껴지는 거리감은 백만 킬로미터는 되는 것 같다. 여기에서는 규모나 속도, 심지어 공기도 다르게 느껴진다. 너무 달라서 멕시코 정부는 말리날코를 공식 푸에블로마지코(pueblo mágico, '마법의 마을'이라는 뜻)의 하나로 지명했다.

푸에블로마지코는 풍부한 문화유산과 아름다운 자연, 정통 요리, 전통 공예품을 갖추고 찾아오는 이들을 따뜻하게 환대하므로 관광객들이 특별한 경험을 할 수 있는 곳이다. 말리날코는 수도와 가까워 위치적으로도 좋지만, 매혹적인 자연환경은 더 근사하다.

말리날코라는 지명은 나와틀어의 말리날리malinalli에서 유래
한다. 말리날리는 풀 또는 허브의 한 종류이며, 동시에 '장소'의
뜻이기도 하다. 그러나 그 이름은 아스테카 신화에서 뱀, 전갈,
마법, 흑마법의 여신인 말리날소치틀Malinalxóchitl과도 연관이 있
고, 궁극적으로는 강력한 아스테카 왕국의 수도인 테노치티틀
란Tenochtitlán의 건설과도 관계가 있다.

말리날소치틀은 멕시카족(Mēxihcah, 아즈텍족의 또 다른 이름-
역주)의 지도자인 우이칠로포츠틀리Huitzilopochtli의 누이로 힘이
강했다. 나후아 부족의 하나인 멕시카족은 전설의 동굴 치코모
즈톡Chicomoztoc에서 거주하다가 약속의 땅을 찾아 남쪽으로 떠
났다. 예언에 따르면 그 땅은 뱀을 물고 있는 독수리가 보이면
알 수 있다고 한다. 돌아다니는 동안 그들은 적과 마주쳤다. 고
매한 우이칠로포츠틀리는 정정당당하게 싸울 생각이었지만, 말
리날소치틀은 자신이 지닌 초자연적인 능력을 사용했다. 우이
칠로포츠틀리는 실망했고, 어느 날 밤 말리날소치틀이 잠든 사
이에 자신을 따르는 부족민들을 데리고 그녀와 그녀를 따르는
사람들을 두고 떠났다.

그렇게 부족에서 소외된 말리날소치틀은 말리날코에 정착
하기로 했다. 그녀는 이곳의 통치자와 결혼을 하고 코필Copil이
라는 이름의 아들을 낳았다. 코필은 자라서 훌륭한 전사가 되었

다. 나중에 어머니로부터 어머니가 버림받은 이야기를 듣게 된 코필은 복수를 계획했다. 그는 어머니에게서 물려받은 초자연적 능력을 이용하여 차풀테펙Chapultepec에서 멕시카족을 공격하여 쉽게 물리쳤다. 그리고 인근의 언덕으로 물러나 승리의 기쁨을 즐겼다.

그러나 코필을 발견한 우이칠로포츠틀리가 그를 죽이기 위해 군대를 보냈다. 그들은 코필의 목을 베고 그의 심장을 아코필코Acopilco 호수에 던졌다. 그런데 그의 심장에서 선인장이 자라났고, 바로 이 식물 위에서 그토록 기다려온 독수리와 뱀을 보았다. 수십 년 동안 방랑한 끝에 멕시카족은 드디어 정착할 수 있었다. 그들은 바로 이곳에 테노치티틀란을 건설했고, 스페인에 의해 정복된 후 그 폐허 위에 멕시코시티가 건설되었다.

말리날소치틀의 신령과 그 마법술은 말리날코에서 살아남았고, 이 마을은 흑마술로 유명해졌다. 몬테수마Montezuma 2세(또는 목테수마, 테노치티틀란의 9대 왕)는 스페인 정복자들을 막아내기 위해 말리날코에서 '이방인들을 홀리고 뱀과 전갈, 거미를 다룰 줄 아는 자들'과 마법사를 찾았다고 한다.

실제로 몬테수마 시대 이전, 15세기 중반부터 쿠아우틴찬Cuauhtinchan으로 알려진 아즈텍 단지는 계곡이 내려디보이는 세로 데 로스 이돌로스Cerro de los Idolos 언덕에 세워졌다. 아마 이

신화가 좋다 여행이 좋다

곳은 스페인인들이 들어오기 전에 사원이 있던 장소였을 가능성이 높다.

아즈텍족에게 쿠아우틴찬은 성소이자 중요한 의식을 올리는 중심지였다. 의식을 올리는 이유 중에는 아마 말리나소치틀을 달래고 그 힘을 억제하려는 목적이 있었을 것이다. 하나의 바위를 석기 도구로 깎아 만든 이 신전은 일부분만 발굴되었는데도 아주 인상적이다. 400개가 넘는 가파른 계단을 올라가면 주요 구조물 본체가 보인다. 그중에서 가장 중요한 것은 바위를 잘라서 만든 피라미드인 쿠아우칼리(Cuauhcalli, 독수리의 집)다. 현재는 파괴된 상태이지만, 측면에 재규어가 앉아 있는 계단은 위층으로 올라가는 통로다.

피라미드의 문은 엄니와 갈라진 혀가 보일 정도로 입을 벌린 괴물의 턱을 상징한다. 그 안으로 들어가면 둥근 방이 나온다. 방에는 동물 부조가 섬세하게 새겨진 벤치와 아주 희미해진 벽화가 있고, 한가운데에는 새 모양의 제단이 놓여 있다. 가장 뛰어나고 용감한 아즈텍 전사들은 이곳에서 정예 독수리 전사로 임명되었다. 전사들은 의식에서 자신의 코와 턱에 직접 구멍을 뚫고 보석을 끼워 넣은 것으로 보인다. 이때 흘리는 피는 도관을 통해 바닥에 있는 구멍으로 흘러 들어간 것으로 밝혀졌다.

말리날코 유적지는 정말 대단하다. 여기에서는 계곡 전체가 내려다보이는데 이상한 일도 생긴다고 한다. 일부 관광객은 이 신성한 언덕에 다가가면 어지럽고 몽롱해진다고 말한다. 실제로 이 지역은 지금도 마법과 샤머니즘, 약용 식물과 허브로 유명하다.

메스칼을 마셔서 어지러운 사람도 있지만, 이곳에서 발산되는 특이한 에너지가 있다고 말하는 이들도 있다. 아직도 탐구해야 할 부분이 많지만, 그 땅속에 다른 무엇(더 나아가 말리나소치틀 마법)이 있을지 누가 알겠는가.

장소 콜롬비아, 안데스산맥
특징 금이 나온다고 하는 엘도라도 전설의 호수

구아타비타 호수
LAGUNA DE GUATAVITA

완벽한 원형에 가까운 분화구 안에는 숲이 우거진 경사면과 안개 사이에서 짙은 에메랄드빛 녹색으로 찬란하게 빛나는 호수가 보인다. 그러나 사람들은 오랫동안 이 호수에 에메랄드보다 훨씬 귀하고 반짝이는 것이 있다고 믿었다. 숨 막힐 정도로 멋있는 산 정상에 있는 이 호수에는 많은 비밀이 담겨 있다.

지금은 아주 조용하고 고요하다. 차가운 공기에서 움직이는 것은 바람과 새들 뿐이지만, 한때 이곳은 콜럼버스의 발견 이전에 존재했던 위대한 문명의 중심지였다. 또 가장 매혹적이고 오래전부터 전해져 내려오는 전설의 중심지이기도 했는데, 그

신화가 좋다 여행이 좋다

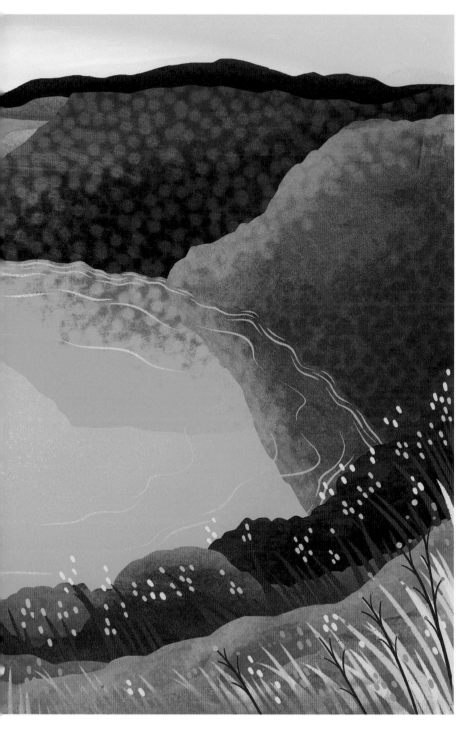

전설이 불러일으킨 탐욕 때문에 대륙의 많은 지역이 약탈을 당했다.

무이스카Muisca는 아스테카, 마야, 잉카와 함께 아메리카의 4대 문명 중 하나였다. 그 중심지는 콜롬비아 안데스산맥의 알티플라노 쿤디보야센세Altiplano Cundiboyacense 지역, 현재 수도 보고타Bogota에서 약간 북쪽에 있었다.

문명이 가장 발달했을 때는 인구가 최대 3백만 명에 달했던 것으로 추정된다. 이 문명에 대하여 알려진 것은 얼마 없지만, 무이스카의 한 가지 의식은 전설을 통해 아주 잘 알려졌다. 그것은 새로운 카시크cacique, 즉 추장의 즉위를 알리는 의식이었다.

이미 어렸을 때부터 일련의 정해진 시험을 통과하여 곧 통치자가 될 예비 추장은 몸에 끈적끈적한 물질(아마 기름이나 꿀)을 바른 뒤 금가루에 몸을 굴린다. 그렇게 반짝반짝 빛나는 예비 추장은 의식용 뗏목을 타고 노를 저어 구아타비타 호수의 한가운데로 간다. 깃털과 왕관, 장신구들로 화려하게 장식한 대제사장 네 명에게 둘러싸인 예비 추장은 호수에 귀금속, 보석, 금 펜던트, 조각상 등을 던지며 물의 여신 치에Chie에게 제물을 바친 뒤, 반(半)신성적인 힘을 흡수하기 위해 호수에 뛰어든다.

16세기에는 글자 그대로 보물이 깔려 있다고 하는 호수에 대한 이야기들이 스페인 정복자들 사이에 과도하게 퍼졌다. 엘도라도('금가루를 칠한 사람')의 전설이 생겨났고, 시간이 흐르면서 그 전설은 조금씩 윤색되어 어마어마하게 바뀌었다.

처음에는 '엘도라도'가 사람을 뜻했지만 마을 이름으로 바뀌었고, 금(라틴아메리카의 주요 생산 금속)으로 뒤덮인 도시 전체로 바뀌었다. 그 전설을 들은 탐욕스러운 사람들은 수백 년 동안 금으로 뒤덮인 도시를 찾아다녔다.

실제로 구아타비타 호숫가에 최초로 도착한 사람들은 1537년경에 온 곤잘로 히메네스 드 케사다Gonzalo Jiménez de Quesada와 약 800명의 부하들이었다.

이들은 카리브해 연안에서 남쪽으로 탐험을 왔다. 케사다의 임무는 페루로 가는 육로를 찾는 것이었지만, 전설의 도시에 대한 소문을 듣고 경로에서 벗어나 적대적인 안데스산맥의 동쪽으로 깊숙이 들어갔다. 그는 무이스카 문명을 마주하고는 뛰어난 세공 솜씨에 감탄했다. 특히 금을 주조하여 만든 봉헌물(대개 사람이나 동물을 편평하게 만든 세공품)인 정교한 퉁호tunjo에 반했다.

그 후로 수많은 사람들이 물 밑에서 금을 건져 올리려고 시도했다. 1560년대에는 부유한 사업가 안토니오 데 세풀베다Antonio de Sepúlveda가 호수의 물을 빼기 위해 분화구의 한쪽에 있는 깊은 틈을 팠다. 그러나 성과가 없었고(그 구멍은 지금도 보인다), 그가 찾아낸 것은 '232페소와 금 10그램'뿐이었다. 이런 시도는 수백 년 동안 계속 이어졌지만 큰 성과는 없었다. 콜롬비아 정부는 1965년부터 이 호수를 국가의 보호하에 두고 있다.

그래서 더 이상은 누구도 호수에서 준설을 하거나 수영을 할 수 없다. 그러나 현지 가이드를 동반한 유료 입장은 허용된다. 1960년대 중반에는 저수지 옆으로 이주한 현지인들을 위해 구아타비타 마을이 건설되었는데, 보고타에서 자동차를 타고 북쪽으로 90분 정도 가면 도착한다.

이 마을에는 식민지풍으로 자갈길과 하얀 집들이 모여 있다. 호수에 가려면 자동차를 타고 더 험한 길을 달려 언덕들과 감자 농장을 지나가야 한다. 그 후에는 오솔길이 시작되는데, 150개 남짓의 계단을 올라 파라모Páramo라는 고지 평원을 지나면 분화구의 가장자리에 이른다.

올라가다 보면 숨을 헐떡이게 되는데, 구아타비타가 해발 3,000미터 정도에 자리 잡고 있어서 산소가 희박하기 때문만은 아니다. 숨이 멎을 듯한 경치와 반짝이는 호수를 보며, 이렇게 고요하고 장엄한 곳(무이스카 문명의 영성과 권력이 있는 곳)이 어떻게 광기 어린 탐욕의 도가니가 되었는지를 생각하다 보면 저절로 그렇게 된다.

장소 페루 나스카 평원

특징 알 수 없는 이유로 생성된 거대한 지상화

나스카 지상화
LÍNEAS DE NAZCA

비행기에서 아래를 내려다보면 넓게 펼쳐진 메마른 갈색의 흙과 적갈색의 자갈이 보인다. 특별해 보이는 것이라고는 아무것도 없이 바짝 마르고 텅 빈 해안 사막이다. 그러나 점점 더 높이, 속이 울렁일 정도의 난기류를 만날 때까지 올라가면, 다른 세상의 것처럼 이상한 무언가가 보이기 시작한다.

기하학자의 노트에 그려진 것 같은 그림이 건조한 평원에 나타난다. 밝은 하얀색의 직선, 지그재그와 엇갈리는 대시 부호, 삼각형, 사다리꼴, 직사각형, 소용돌이 같은 것들이 대지에서 빙빙 돌기 시작한다. 그리고 계속 이상해지는 패턴은 드디어 알아볼 수 있는 거대한 형태가 된다. 그것은 기괴한 거미, 벌새,

고래, 거대한 원숭이다. 땅에 그려진 이 거대한 동물들은 이 사막에서 무엇을 하고 있는가? 어쩌면 영원히 모를 것이다….

수도 리마에서 남쪽으로 약 400킬로미터 떨어진 나스카 사막은 안데스산맥의 기슭과 태평양 연안 사이에 위치한다. 그 위치로 볼 때 사막이 있을 만한 장소는 아니다. 돌과 흙만 있는 건조한 이곳은 무자비한 열대의 태양 아래에서 잔인한 파라카스(paracas, 태평양에서 불어오는 매우 강한 바람-역주)에 그대로 노출된다. 일 년에 비가 내리는 시간은 20분 정도밖에 안 된다. 그래도 사람들은 수천 년 동안 이곳에서 살아갈 방법을 찾아냈다. 그뿐만 아니라 자신들의 흔적을 남기는 독특한 방법도 알아냈다.

나스카 지상화(나스카 라인)는 기원전 100년경 이 지역에 거주했던 것으로 여겨지는 고대 나스카 문명의 사람들이 만든 것이다. 나스카는 케추아어(Quecchua, 고대 잉카 문명권의 공용어-역주)로 아픔과 고통을 뜻하는 나나스카nanasca에서 유래한다. 그러나 이렇게 사람이 거주하기 힘든 지형임에도, 농사를 짓는 기술을 알아낸 이 사람들은 이곳에서 여러 세기 동안 번영했다. 그 시기에 그들은 복잡한 관개 시스템을 건설하고, 도자기와 직물을 만들고, 사막을 캔버스 삼아 약 500제곱킬로미터 크기의 정말 놀라운 그림을 그렸다.

나스카인들은 맨손과 기본적인 나무 도구만 갖고 사진의 음화(陰畵, negative) 비슷한 그림을 만들었다. 표토와 돌에 홈을 새기고 그 홈이 짙은 적갈색으로 산화되어 그 아래의 흐릿한 땅이 선명하게 드러나면, 기하학적인 도형과 동물을 본뜬 그림, 사람과 닮은 형상이 있는 거대한 태피스트리가 만들어진다.

나스카 지상화는 모두 800개가 넘고, 그중에는 길이가 최대 몇 킬로미터인 것도 있다. 기하학적인 형상이 300개, 동식물 모티프는 70개나 된다. 고래, 개, 꼬리를 말아 올린 원숭이, 복잡한 벌새가 있고, 심지어 키가 35미터나 되고 눈이 접시 모양이며 하늘을 가리키고 있는 남자도 있다. 이 남자는 우주인(외계인)으로 알려져 있는데 샤먼일 가능성이 크다.

주변에서 발견된 도기 조각들로 추정했을 때 약 2,000년 전에 그려진 것으로 판단되는 이 라인들은 고온 건조한 사막 기후 덕분에 잘 보존되어 왔다. 하지만 1920년대까지 감추어져 있던 나스카 지상화는 페루의 고고학자 토리비오 메히아 세스페 Toribio Mejía Xesspe가 재발견했다. 그 후로 많은 사람들이 이 지역의 지도를 만들고 연구했으며, 새로운 기술을 이용하여 더 많은 지상화를 발견했다. 그러나 나스카 지상화의 목적과 의미에 대해서는 전문가들도 여전히 파악하지 못하고 있다.

그 정체에 대하여 고대에 건설된 수로, 지하 수원의 지도, 거대한 천체 달력 등 다양한 가설이 제기되었다. 일부에서는 이 지상화들이 나스카 문명의 생존에 필수적인 자연 요소(태양, 달, 별, 바람, 물)를 숭배하기 위해 디자인된 거대한 야외 사원을 상징한다고 주장하기도 한다.

직선은 신성한 형상들 사이를 걸을 수 있게 하는 목적의 순례길이고, 형상들에서는 다산과 비를 기원하는 의식을 거행했을 수 있다. 인근에서 머리가 없는 미라가 발굴된 것으로 보아 의식 중에는 인신 공양도 있었을지 모른다.

물론 더 초자연적인 설명을 선호하는 사람들도 있다. 그들은 비행 동력 없이는 그 거대한 디자인을 만들 수 없으며, 따라서 틀림없이 우주인들이 도왔을 것이고, 그 도움을 받은 나스카 문명은 외계에서 온 우주인들을 위해 활주로와 이정표를 만들었다고 믿는다.

터무니없는 가설이지만, 잘 알려지지 않은 문명이 이 거대하고 신비한 표시를 수천 년 전에 손으로 만들었다는 것도 믿기지 않기는 마찬가지다.

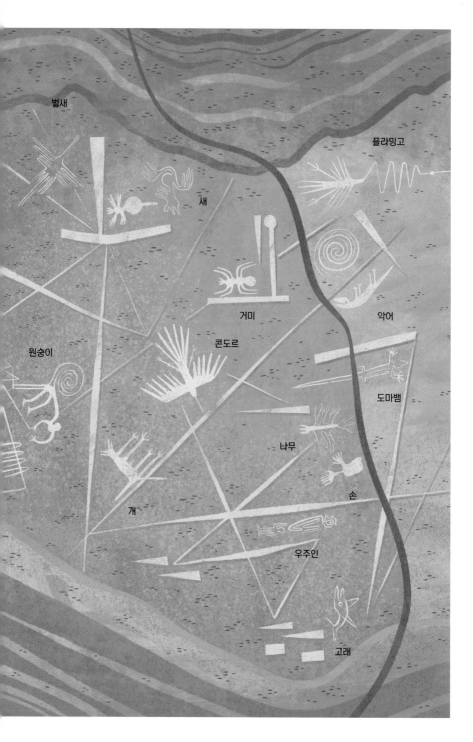

벌새

플라밍고

새

거미

악어

원숭이

콘도르

도마뱀

나무

손

개

우주인

고래

여성·가족

나이들어도 스타일나게 살고 싶다

나이들었어도 혼자여도 얼마든지 행복할 수 있다

쇼콜라 지음 | 이진원 옮김 | 184쪽 | 12,000원

뉴욕 최고의 퍼스널 쇼퍼가 알려주는

패션 테라피

세월이 흘러도 변치 않는 경쟁력 있는 패션의 정석

베티 할브레이치, 샐리 웨디카 지음 | 최유경 옮김 | 272쪽 | 13,900원

일흔 넘은 부모를 보살피는 72가지 방법

함께 살지 못해도 노부모를 편안하게 보살필 수 있다! 중앙치매센터 추천도서

오타 사에코 지음 | 오시연 옮김 | 256쪽 | 13,900원

여행·인문

예술이 좋다 여행이 좋다

걸작이 탄생한 곳으로 떠나는 세계여행

수지 호지 지음 | 에이미 그라임스 그림 | 최지원 옮김 | 208쪽 | 19,000원

문학이 좋다 여행이 좋다

위대한 소설의 무대로 떠나는 세계여행

세라 백스터 지음 | 에이미 그라임스 그림 | 이정아 옮김 | 216쪽 | 19,000원

성지가 좋다 여행이 좋다

힐링과 믿음의 땅으로 떠나는 세계여행

세라 백스터 지음 | 해리 골드호크, 자나 골드호크 그림 | 최경은 옮김 | 208쪽 | 19,000원

영화가 좋다 여행이 좋다(출간 예정)

웰메이드 영화의 배경으로 떠나는 세계여행

세라 백스터 지음 | 에이미 그라임스 그림 | 최지원 옮김

신화가 좋다
여행이 좋다

초판 1쇄 발행 2023년 3월 27일

지은이　 ｜ 세라 백스터
일러스트 ｜ 에이미 그라임스
옮긴이　 ｜ 조진경
디자인　 ｜ 아르케
인쇄 · 제본 ｜ 한영문화사

펴낸이　 ｜ 이영미
펴낸곳　 ｜ 올댓북스
출판등록 ｜ 2012년 12월 4일(제 2012-000386호)
주 소　 ｜ 서울시 마포구 연희로 19-1, 6층(동교동)
전 화　 ｜ 02)702-3993
팩 스　 ｜ 02)3482-3994

ISBN　979-11-86732-64-9(03980)